Bibliografische Information der Deutschen Nationalbibliothek:

Die Deutsche Bibliothek verzeichnet diese Publikation in der Deutschen Nationalbibliografie; detaillierte bibliografische Daten sind im Internet über http://dnb.d-nb.de/ abrufbar.

Impressum:

Druck und Bindung: Books on Demand GmbH, Norderstedt Germany
ISBN: 9783668961999

Dieses Buch bei GRIN:

https://www.grin.com/document/476799

Nina Storch

Das menschliche Dasein in Relation zur Unendlichkeit

GRIN Verlag

Das menschliche Dasein in Relation zur Unendlichkeit

∞

Verfasserin: Nina Storch
Jahrgang 2017/18

Inhaltsverzeichnis

0 Vorwort

Warum Unendlichkeit? Und warum in Relation zum Menschen? Ich hatte viele verschiedene Ideen für meine Jahresarbeit, z.B. etwas aus der Mathematik, oder das Universum, die Zeit, oder doch Unendlichkeit? Letztendlich habe ich mit dem Thema „Unendlichkeit in Relation zum menschlichen Dasein“ diese Themen vereint und habe nun die Möglichkeit alle Themenfelder zu beleuchten und tiefer kennenzulernen.
Das Universum und seine Magie haben mich immer schon interessiert, der Kosmos ist die Gesamtheit von Raum, Zeit, Energie und Materie, welcher eine so große Auswirkung auf unsere Existenz hat, welche wir gleichzeitig für sehr selbstverständlich nehmen. Es ist einfach faszinierend. Mit dem Universum stellt sich natürlich auch die Frage nach Unendlichkeit und ob sie überhaupt in irgendeiner Form existiert, ob wir Menschen Unendlichkeit wahrnehmen können, oder ob unsere Vorstellungskraft dafür nicht ausreicht. Mit diesen und noch weiteren Fragen möchte ich mich gerne auseinandersetzten, da mich diese Fragen schon immer interessierten.
Auch wenn nicht zu allen Fragen direkt eine Antwort gefunden werden kann, ist allein der Prozess, sich mit den Themen intensiv zu beschäftigen und die jeweilige Erkenntnis, welche dadurch gewonnen wird, sehr hilfreich und spannend.

1 Einleitung

Was ist überhaupt Unendlichkeit und existiert Unendlichkeit in unserem Leben? Was bedeutet es, wenn wir sagen „für immer und ewig“, oder „bis in alle Ewigkeiten“? Können wir Menschen mit unserem endlichen Leben uns Unendlichkeit überhaupt vorstellen? Unendlichkeit ist schon immer ein großes Rätsel und doch gibt es in der Mathematik beispielsweise Wege die Unendlichkeit, oder zumindest Dinge die unendlich sind, darzustellen. Zudem wird in der Mathematik sogar versucht verschiedene Unendlichkeiten mit einander zu vergleichen, um deren Mächtigkeiten herauszufinden.
Viele alltägliche Dinge enthalten einen Hauch von Unendlichkeit bis hin zu solchen, welche unendlich sind. Manchmal ist es uns zudem nicht bewusst, dass wir mit zahlreichen Dingen zu tun haben, die mit der Unendlichkeit in Verbindung stehen. Beispielsweise die unendliche Weite unseres Universums ist etwas, worüber wir nicht jedes Mal nachdenken, wenn, das Wort Universum fällt, natürlich wissen wir, dass es sehr, sehr groß ist, aber unendlich? Doch das ist nicht das einzige. Allein im Alltag gibt es Phänomene, wie z.B. den Droste-Effekt (siehe Kapitel 6.4.), die uns die Unendlichkeit sehr nahebringen. Aber auch unsere Seele, wenn daran geglaubt wird, ist unsterblich.
Auch in der Physik gibt es die Unendlichkeit, wie gerade schon mit der Größe des Universums angedeutet. Nach Einsteins Relativitätstheorie beispielsweise, bleiben Uhren stehen, welche sich mit Lichtgeschwindigkeit bewegen, also eine unendliche Zeitspanne, die so gesehen keine Zeitspanne ist. Diese und noch viele weitere Phänomene werden im physikalischen Teil vorgestellt.
Ein weiteres Thema wird das menschliche Dasein und dessen Besonderheiten sein. Dazu kommt, dass auch die Relation vom Menschen zur Unendlichkeit beschrieben wird. Wie klein sind wir eigentlich im Gegensatz zum Universum? Und wie wichtig sind kleine Dinge in unserem Leben, wenn sie aus einer ganz anderen Sichtweise betrachtet werden?

1.1 Ziel der Jahresarbeit

Ein Ziel dieser Jahresarbeit ist es, Unendlichkeit aus verschiedenen Blickwinkeln zu entdecken und auch zu verstehen. Dabei geht es auch vor allem darum, die Vielfalt der Unendlichkeit, welche paradoxer Weise unendlich zu sein scheint, zu betrachten. Sich mit dem Unendlichen vertraut zu machen und dadurch andere Blickweisen zu erlernen oder wenigstens kennen zu lernen. Zudem aber auch zu entdecken, wie viel Unendlichkeit in unserem Leben existiert, was vermutlich eine ganze Menge ist.
Ein weiteres Ziel ist es, Unendlichkeit in Relation zum menschlichen Dasein zu betrachten - Unendlichkeit im endlichen Leben. Dabei geht es vor allem darum, den Menschen und die Besonderheit seines Daseins genauer zu betrachten und somit auch neue Dinge kennen zu lernen. Zudem die Erkenntnis zu erlangen wie zufällig unser Leben doch ist.

2 Mathematische Unendlichkeit

2.1 Überblick

Die folgenden Kapitel beschäftigen sich mit der Unendlichkeit in der Mathematik. In dieser gibt es viele Beweise für die Existenz des Unendlichen. Zunächst wird das Symbol der Unendlichkeit und dessen Herkunft vorgestellt. Darauf folgt die Projektive Geometrie, in welcher die Unendlichkeit nahezu sichtbar wird. Danach werden die Zahlen und deren Eigenschaft, endlos weiter gezählt zu werden, gezeigt. Zudem auch wie bewiesen werden konnte, dass die Zahlen unendlich sind. Zusätzlich werden die irrationalen Zahlen wie Pi oder $\sqrt{2}$ behandelt und vertieft. Zum Schluss werden Folgen und Reihen erklärt und durch deren Mächtigkeit die Unendlichkeit noch viel komplexer wird.

2.2 Das Symbol der Unendlichkeit

Die Anfänge des Unendlichkeitssymbols sind auf die Symbole in den 5500 Jahre alten Megalithtempeln auf Malta zurückzuführen. In diesen Tempeln wurden mehrere in Stein gehauene Doppelspiralen gefunden, so die Internetseite „unendliches.net“.

Bild 2 Uroboros- Die erste Abbildung der Unendlichkeit

Sie gelten als die erste abstrakte Darstellung der Unendlichkeit.
Zu späteren Zeiten galt die Schlange, welche ihren eigenen Schwanz verschlingt als Unendlichkeitssymbol. Dieses Symbol wurde vor allem von den Tibetern, den Maya und den Altägyptern genutzt und ist als Uroborus bekannt.[1]
Das Unendlichkeitssymbol ist auch unter dem Namen Lemniskate bekannt, oder Cassini-Kurve. Giovanni Domenico Cassini (1625-1712) ein italienischer Mathematiker und Astronom, welcher unter anderem mehrere Saturnmonde und erstmals die Lücke im Saturnring entdeckte, die nach ihm als Cassinische-Teilung benannt wurde, so Wikipedia. Cassini hatte eine eher konservative Haltung, weswegen er auch Keplers Ellipsenbahnen und Newtons Gravitationstheorie ablehnte, er schlug anstatt einer Ellipse eine Kurve vierter Ordnung vor. Bei dieser Kurve handelt es sich um die

---

[1] Vgl. Lotter, J. (2015): Unendlichkeitssymbol Online im Internet: http://unendliches.net/ Stand(5.2.2018)

liegende Acht, sie ergibt sich durch die Abstandsdefinition der Ellipsen, bei der die Summe der Abstände beider Brennpunkte konstant bleiben muss. Dabei entstehen noch vier weitere Arten der Cassini-Kurve.[2]
Die Benennung Lemniskate wird in der Fachsprache verwendet und stammt von dem griechischen Wort Lemniskos, was so viel wie „Wollenes Band“ heißt, teilweise ist sie auch bekannt unter „Liebesknoten“.
Laut dem Autor Wallace, ließ der englische Mathematiker John Wallis (1616-1703) 1655 das Symbol der liegenden Acht in *De sectionibus conicis* (Über Kegelschnitte) auftauchen, als ob es bereits allgemein eingeführt wäre. Wallis verwendete das Symbol erneut in seinem großen Werk *Arithmetca infinitorum,* welches er ein Jahr später verfasste. In diesem Werk erforscht Wallis unendliche Reihen, damit ist dieses eine der bedeutenden Vorarbeiten für die Infinitesimalrechnung.
Aus welchen Grund Wallis das Symbol der Unendlichkeit verwendete, ist nicht bekannt, jedoch ist es heut zu Tage zu einem gängigen Symbol der Mathematik geworden.[3]
Es gibt noch eine weiteres „Symbol“, welches für Unendlichkeit steht. Es sind die drei Punkte (...), die sehr oft in dem Bereich Folgen, Reihen und Grenzwerte auftauchen. Dabei ist beispielsweise bei der Folge 1,2, 3, ... gemeint, dass sie unendlich fortsetzbar ist. Eine Folge ist hingegen *nicht* unendlich, wenn am Ende der Reihe noch eine Zahl folgt. Beispiel: 1, 2, 3, ...x.

[2] vgl. Wikimedia Foundation Inc. (2018) : Giovanni Domenico Cassini. Stand im Internet: https://de.wikipedia.org/wiki/Giovanni_Domenico_Cassini Stand (6.2.2018)
[3] vgl. Wallace 2015, S. 28

2.3 Projektive Geometrie

„In diesem unglaublichen Universum, in dem wir leben, gibt es nichts Absolutes. Selbst Parallelen schneiden sich irgendwo im Unendlichen."
- Pearl S. Buck, Zuflucht im Herzen[4]

Die Projektive Geometrie ist ein sehr umfangreiches Thema in der Mathematik, weshalb ich nur auf bestimmte Bereiche eingehen werde.
Die Projektive Geometrie, ebenfalls als nichteuklidische Geometrie bekannt, wurde von dem französischen Architekten und Mathematiker Gerard Desargues (1591-1661) erforscht, so Wikipedia. 1640 erschien sein Buch „Brouillon", in dem Desargues sich mit dem „ersten Entwurf eines Versuches über die Ereignisse des Zusammentreffens eines Kegels mit einer Ebene"[5] beschäftigte. Dieses Werk gilt als Geburtsurkunde der Projektiven Geometrie.[6]
Ein kleines Gedankenexperiment: Stellen wir uns vor, dass wir mittig auf einem Eisenbahngleis stehen und die beiden parallelen Schienen, welche ohne Kurven genau geradeaus weiterlaufen, mit den Augen verfolgen. An einem bestimmten Punkt treffen sich die beiden parallelen Schienen, dies ist der sogenannte Fluchtpunkt oder auch Fernpunkt. Doch eigentlich ist uns bewusst, dass die beiden Geraden sich nicht schneiden, warum sehen wir es dann in der Realität?
Das was in der Realität wahrgenommen wird, ist nicht der euklidische Anschauungsraum, sondern der, der Projektiven Geometrie. Wir sehen, dass sich die beiden Schienen am Horizont scheiden da wir mit dem menschlichen Auge nicht weiter schauen können. Wenn wir uns ein Fernglas zur Hand nehmen und den Schienenverlauf verfolgen, der in diesem Falle gerade und parallel ist, sehen wir ebenfalls den Fernpunkt am Horizont. Durch das Sehen des Fluchtpunktes, können wir Perspektiven wahrnehmen und Entfernungen einschätzen.

---

4 vgl. Clegg 2015, S. 108

5 zit. Alderse, F. (2012): Ein wenig projektive Geometrie. Stand im Internet: https://www-m10.ma.tum.de/foswiki/pub/Lehre/WS1314/GeoLBWS1314/WebHome/Geometrie_fuer_LB_Vorl_02.01.pdf Stand 6.2.2018

6 vgl. Wikimedia Foundation Inc. (2018) : Gerad Desargues. Stand im Internet: https://de.wikipedia.org/wiki/Gérard_Desargues Stand 6.2.2018

Bild 3 - Fernpunkt

Für die Projektive Geometrie gilt folgendes:

Jede Gerade besitzt einen Fernpunkt, alle Fernpunkte des Raumes bilden die Fernebene, die restlichen Punkte, wie beispielsweise Schnittpunkte sind eigentliche Punkte, genauso wie die Ebenen, welche keine Fernebenen sind, eigentliche Ebenen heißen. Die Fernpunkte jeder eigentlichen Ebene bilden die Ferngerade. [7]
Doch wo befinden sich die Fernpunkte, bzw. wo schneiden sich die beiden Geraden, wenn sie parallel zu einander verlaufen?
Beginnen wir mit zwei Geraden, die sich an einem Punkt schneiden, beide Geraden sind unendlich lang.

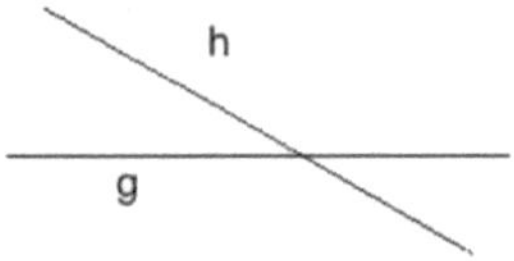

Bild 4 - Zwei sich schneidende Geraden

Dreht man nun die obere Gerade soweit, dass die beiden Geraden parallel zu einander erscheinen, ist der Schnittpunkt scheinbar verschwunden. Dennoch schneiden sich die beiden Geraden und zwar im Fernpunkt oder auf der Ferngeraden. Da aber beide Geraden unendlich lang sind, schneiden sich die beiden Parallelen auch im Unendlichen. Dadurch sind sie streng genommen keine Parallelen mehr. Doch wie

7 vgl. Material aus der Oberstufenakademie vom 15.12.2018-22.12.2018

schneiden sich zwei Parallelen im Unendlichen? Eine sehr paradoxe Vorstellung, doch der Schnittpunkt muss an einer Stelle wieder „auftauchen". Der Punkt ist dadurch in das Unendliche gelangt, ein ganz herkömmlicher Schnittpunkt.

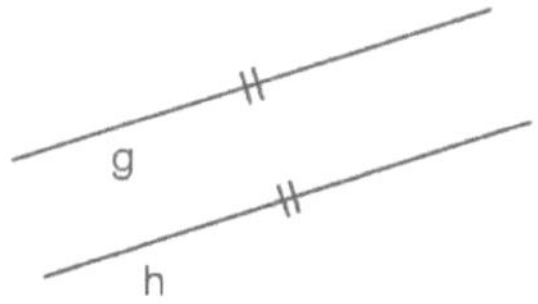

Bild 5 - Parallele Geraden

Ebenso wie Geraden Fernpunkte besitzen, stehen auch Ellipsen, Parabeln, Hyperbeln und Kreise damit in Verbindung.
Anhand der Kegelschnitte lässt sich dies sehr gut zeigen. Schon der griechische Mathematiker Menaichmos (um 380 v. Chr.-320 v. Chr.) untersuchte die Kegelschnitte mit Hilfe eines Kegelmodells, später wurden die gesamten Kenntnisse über die Kegelschnitte von Apollonis von Perge (ca. 265 v. Chr.- ca. 190 v. Chr.) in seinem achtbändigen Werk *Konika* zusammengefasst, so die Internetseite „Wikipedia". Menaichmos hatte zuerst nicht nach den Kegelschnitten geforscht, sondern nach der Würfelverdopplung, dabei entdeckte er die Kegelschnitte und damit auch die Parabel und die Hyperbel. Allerdings wurden diese Begriffe erst durch Apollonis von Perge und sein Werk *Konika* geprägt. Mit dieser Entdeckung wurde vor allem in der Astronomie, aber auch in der Optik und in noch anderen Themenbereichen, viel gearbeitet. Beispielsweise konnte bewiesen werden, dass die Bahnen der Himmelskörper Ellipsen sind, ein anderes, ganz praxisnahes Beispiel sind Autoscheinwerfer und noch vieles mehr.[8]

[8] vgl. Wikimedia Foundation Inc. (2018) : Kegelschnitte. Online im Internet: https://de.wikipedia.org/wiki/Kegelschnitt Stand 6.2.2018

2.4 Unendlich viele Zahlen

Anaximander (610 - 546 v.Chr.) führte den Begriff Apeiron als einen unendlichen und unendlich fein teilbaren Urstoff ein, aus dem alles Endliche hervorgeht: "Ursprung aller Dinge ist das Unendliche", so die Internetseite „Unendlich.net".[9]
Bereits im Kindesalter fangen wir an zu zählen. Zunächst bis Zehn, dann bis Hundert, Tausend und so weiter... bis die Frage aufkommt, wie weit die Zahlen reichen. Manche Kinder stellen sich vielleicht gar nicht diese Frage, sondern behaupten nach der Zahl, nach der sie nicht mehr weiter zählen können, die nächste Zahl sei unendlich.
Auch wenn diese Annahme für ein Kind zunächst selbstverständlich ist, muss jedoch hinzufügt werden, dass Unendlichkeit keine Zahl ist, sondern eher als ein Prozess bezeichnet werden sollte. Nach Clegg ist es ein Prozess des Immer-weiter-Zählens, oder des Alle-Grenzen-Überschreitens. Deshalb ist Unendlichkeit auch nicht mit „unheimlich groß" zu verwechseln.[10]
Schon um 3000 v. Chr. befassten sich die Ägypter mit Zahlen und praxisnaher Geometrie. Zahlen schrieben sie in Hieroglyphen.
Die Zahl Null taucht dort allerdings nicht auf, es wurde anstatt dieser gelegentlich der Begriff des „nicht Vorhandenseins" verwendet. Die vier Grundrechenarten gab es zu diesem Zeitpunkt ebenfalls. Durch geschicktes Verdoppeln, Addition und Subtraktion konnten Multiplikationen und Divisionen gemeistert werden. Zum Berechnen von Flächen oder Volumina verwendeten sie Brüche.
Die zu der Zeit vorhandene Mathematik wurde auch in der Schule gelehrt. Außerdem gab es den Beruf des Schreibers, bei dem unter anderem gerechnet werden sollte.
Unser heutiges Zahlensystem stammt aus dem Arabischen. Die arabischen Mathematiker gründeten die Algebra anhand der Erkenntnisse von den Römern, den indischen -und griechischen Mathematikern.
Doch vor allem die Griechen waren es, welche schon 600 v. Chr. ein philosophisches Interesse an der Mathematik aufwiesen.
Pythagoras von Samos (um 570 v.Chr.- 510 v. Chr.) war es, der als Gründer der griechischen Philosophie, der Mathematik und der Naturwissenschaften gilt. Am bekanntesten ist er sehr wahrscheinlich für den Satz des Pythagoras, der in Schulen gelehrt wird. Pythagoras war außerdem Gründer der Schule der Pythagoreer, auf der unter anderem auch der Mathematiker Archytas von Tarent (zwischen 435 und 410 v. Chr. – zwischen 355 und 350 v. Chr.) war. Dieser bewies z.B., dass Quadratwurzeln irrational sind, was ich später noch vertiefen werde. Außerdem stammt von ihm ein kosmologisches Gedankenexperiment, welches für ein unendliches Universum argumentiert, worauf ich ebenfalls später eingehen werde.[11]
An der von Platon (428 v. Chr. – 347 v. Chr.) gegründeten platonischen Akademie in Athen waren ebenfalls viele bedeutende Philosophen und Mathematiker. Zu dieser Zeit wuchs die griechische Mathematik zu einer Wissenschaft heran.
Unter anderem auch durch Aristoteles (384-322 v. Chr.), welcher einer der bekanntesten Philosophen der Geschichte war. Durch ihn entwickelten sich der Aristotelismus und

[9] vgl. Lotter, J. (2015): Unendlichkeitssymbol Online im Internet: http://unendliches.net/ Stand 8.2.2018

[10] vgl. Clegg 2015, S. 15

[11] vgl. Wikimedia Foundation Inc. (2018) : Archytas von Tarent. Online im Internet: https://de.wikipedia.org/wiki/Archytas_von_Tarent Stand 8.2.2018

auch die Postulate der Aussagenlogik. Zusätzlich widerlegt er auch Zenons Paradoxien, siehe Kapitel XXX meiner Ausarbeitung.[12]
Eudoxos von Knidos (zwischen 397 bis 390 v. Chr. – zwischen 345 und 338 v. Chr.) war ebenfalls ein bedeutender Philosoph der platonischen Akademie. Er entwarf die Exhaustionsmethode, die antike Version der Integralrechnung und gleichzeitig die Grundlage der Infinitesimalrechnung.[13]
Bevor ich mit Zenon aus Elea und seinen Paradoxien beginne, möchte ich anmerken, dass sich selbstverständlich auch andere Kulturen mit der Mathematik auseinandersetzten. Dennoch sind für meine Jahresarbeit die mathematischen Erkenntnisse der griechischen Kultur am interessantesten.
Zenon aus Elea (490-430 v. Chr.) zählte zu den Vorsokratikern und war ein Schüler von Parmenides aus Elea (540-480 v. Chr.). Zenon vertrat Parmenides Auffassung, die besagt, dass das Sein unveränderlich sei was bedeute, dass die Veränderung und die Bewegung nur eine Täuschung der Sinne sei.[14] In Zenons berühmter Dichotomie, versucht er demnach zu beweisen, dass die Kontinuität unmöglich ist.
In seinen Paradoxien behandelt Zenon das unendlich Kleine, was heißen soll, dass ebenso das unendlich Große besteht. Am besten lassen sich diese Unendlichkeiten anhand einer Zahlengrade veranschaulichen.

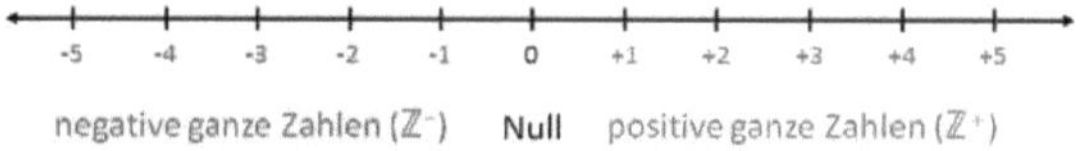

Bild 6 - Zahlengerade

Diese ist übrigens auch von den Griechen, allerdings beinhaltet die „frühere Version" nicht die negativen Zahlen und auch nicht die Zahl Null, da die Griechen nicht mit diesen rechneten. Mit der Zahlengrade wurden Mathematik und Geometrie vereint. Die Zahlengerade ist auch als hyperreller Zahlenstrahl bekannt, da er auch die Nichtstandardzahlen enthält, so der Autor Wallace.
Auf der Zahlengrade lässt sich für jede Zahl eine Position bestimmen, sie stellt somit ein Kontinuum dar, was für Zenons Paradoxon etwas ironisch ist.
Außerdem ist der Zahlenstrahl geordnet und erstreckt sich bis in die Unendlichkeit, wobei hier das unendlich Große gemeint ist.
Es gilt für jeden Punkt: $(n-1) < n < (n+1)$.
Um auch auf das unendlich Kleine einzugehen, wird es noch abstrakter. Nicht genug, dass die Zahlengrade unendlich lang ist, sie hat ebenfalls keine Lücken oder Löcher. Zwischen jedem natürlich zahligen Intervall, beispielsweise zwischen 0 und 1, existiert eine weitere Unendlichkeit. In diesem Intervall erstrecken sich nämlich sämtliche rationale und auch irrationale Zahlen.
In Zenons Paradoxien wird gezeigt, dass die Folge $\frac{1}{2}, \frac{1}{4}, \frac{1}{8}, \ldots$ im Intervall 0-1 existiert, wobei jedoch andere Folgen im Intervall 0-1 nicht mit einbezogen werden, so Wallace.

12 vgl. Wikimedia Foundation Inc. (2018) : Geschichte der Mathematik. Online im Internet: https://de.wikipedia.org/wiki/Geschichte_der_Mathematik#Mathematik_in_Griechenland Stand 8.2.2018
13 vgl. Wikimedia Foundation Inc. (2018): Eudoxoa von Knidos. Online im Internet: https://de.wikipedia.org/wiki/Eudoxos_von_Knidos Stand 8.2.2018
14 vgl. Wikimedia Foundation Inc. (2018): Zenon von Elea. Online im Internet: https://de.wikipedia.org/wiki/Zenon_von_Elea Stand 8.2.2018

Zum Beispiel die Reihe $\frac{1}{x}$, bei welcher x eine ungerade Zahl ist, oder auch die Folge $\frac{1}{x^n}$ und noch viele weitere. Somit gibt es in dem oben genannten Intervall nicht nur eine „kleine" Unendlichkeit, sondern unzählbar viele. Also „Eine Unendlichkeit von Unendlichkeiten".[15] Dadurch werden logischerweise neue Fragen entstehen, womit die Rätselhaftigkeit und Zweideutigkeit in der Metaphysik und in der Mathematik zu diesen Unendlichkeiten vertieft wird. Soll diese endlose Unendlichkeit etwa auf ∞^∞ hindeuten? Oder doch $2\times\infty$ oder ∞^2?[16]
Das wird zunächst leider eine offene Frage bleiben.
Obwohl oben gesagt wurde, die Zahlengrade habe keine Lücken, können wir ebenso das Gegenteil behaupten. Denn schon allein im Intervall 0-1 bestehen unendlich viele Unendlichkeiten, die Lücke ist also somit unendlich groß. Demnach hat der Zahlenstrahl, welcher ja unendlich lang ist, auch noch unendlich große Lücken. Wie kann sich so etwas vorgestellt werden? Heißt das, dass um von der Null zu der Eins zu gelangen, es unendlich lange dauern wird? Und von der Eins zur Zwei ebenfalls? Es scheint so, trotzdem ist es möglich diese Unendlichkeiten einfach zu „ignorieren" und wie gewohnt von Eins bis Zwei zu zählen, ohne jegliche unendlichen Folgen in Betracht zu ziehen. Wenn Sie also das nächste Mal bis Zehn zählen, erinnern Sie sich, dass Sie unendlich lange weiter Zählen könnten und dabei unendlich viele und unendlich große Lücken überspringen.
Nun zu den Paradoxien Zenons. Das erstes und auch das wahrscheinlich meist bekannteste Paradoxon, ist das von Achilles und der Schildkröte. Dafür benötigte Zenon ausschließlich die Dichte der Zahlengerade. Wie schon bereits erwähnt verfolgt Zenon das Ziel, zu beweisen, dass es keine Kontinuität gibt und dass unsere Sinne sich täuschen würden, wenn wir so etwas wie Bewegung und oder Veränderung wahrnehmen.
Das Paradoxon kann wie folgt beschrieben werden:
Achilles, der schnellste und beste Läufer, tritt gegen eine Schildkröte zu einem Laufwettbewerb an. Die Schildkröte ist eine gewöhnliche und nicht mit besonderen Fähigkeiten ausgestattete Schildkröte, somit sollte geglaubt werden, dass Achilles mit links das Rennen gewinnt. Um fair zu bleiben, bekommt die Schildkröte 100 Meter Vorsprung, denn ihre Geschwindigkeit beträgt nur ein Zehntel von Achilles Geschwindigkeit. Das Rennen beginnt, Achilles läuft los, ebenso wie die Schildkröte. Achilles kommt bald an den Startpunkt der Schildkröte, diese ist ihm allerdings immer noch 10 Meter voraus. Achilles läuft zu dem Punkt, an dem die Schildkröte 10 Meter vor ihm war, doch diese ist ihm wieder um ein Zehntel voraus. Achilles kann demnach die Schildkröte nie einholen, da diese ihm immer um ein Zehntel voraus sein wird. Zudem werden die beiden auch nie an eine Ziellinie geraten, denn ihre Schritte werden immer kleiner und das Rennen geht unendlich lang!
Jedoch würde uns der gesunde Menschenverstand etwas anderes sagen, nämlich, dass dies doch unmöglich ist. Und doch ist es so.
Ähnlich verhält es sich mit dem Pfeil, der nie ankommt und die Straße, welche nicht überquert werden kann.
Stellen Sie sich vor, sie stehen in einer kleinen Entfernung vor einer Dartscheibe und versuchen den in ihrer Hand haltenden Dartpfeil auf die Scheibe zu werfen, so

---

[15] zit. Wallace 2015, S.98
[16] vgl. Wallace 2015, S. 97f

beschreibt es der Autor Wallace. Zunächst muss der Pfeil die Hälfte der Strecke zurücklegen, um zu der Scheibe zu gelangen. Nachdem er die halbe Strecke zurückgelegt hat, muss folglich die Hälfte der verbleibenden Hälfte passiert werden und anschließend von dieser Hälfte die Hälfte und von dieser Hälfte die Hälfte und so weiter. Demnach würde der Pfeil erst langsamer werden und anschließend stehen bleiben, wobei er sich eigentlich noch sehr, sehr langsam bewegen würde, was mit dem bloßen Auge jedoch nicht zu erkennen wäre. Daraus folgt, dass der Pfeil nie ankommt. Genauso spielt sich das Szenario des Überquerens der Straße ab, welches der Autor Wallace beschreibt. Die Ampel springt auf grün und sie gehen los, zuerst überqueren Sie die Hälfte der Straße, dann die Hälfte der verbleibenden Hälfte und so weiter. Wie dies ausgeht ist offensichtlich, die Straße kann nicht überquert werden.[17] Es ist einfach nicht möglich! Nach Zenon.

In der Realität ist es selbstverständlich möglich, das können wir alle bestätigen. Aber trotzdem ist es doch merkwürdig, denn auch auf der echten Straße wird erst die Hälfte der Strecke zurückgelegt und dann die Hälfte der zweiten Hälfte. Warum brauchen wir nicht auch unendlich lange um die Straße zu überqueren?

Die Antwort gibt uns Aristoteles in seinen Büchern V, VI und VIII zu der Physik.

Auch wenn die Widerlegungen Aristoteles eigentlich Teil der Metaphysik sind, möchte ich sie trotzdem in diesem Zusammenhang erklären.

Zunächst stellt Aristoteles fest, dass Zenon im Zusammenhang, der nicht vorhanden Bewegung und Veränderung auch davon ausgeht die Zeit würde aus dem Jetzt bestehen. Denn nur so kann der Pfeil beim Bewegen stehen. Jedoch beinhaltet die Zeit zusätzlich die Gegenwart und die Zukunft, weshalb der Pfeil auch ankommt, genauso, wie Sie die Straße überqueren können. Wenn nur die Gegenwart bestehen würde, würde sie folglich ewig existieren und nichts könnte sich verändern und bewegen. Außerdem erklärt Aristoteles, dass beim wiederholenden Teilen der Strecke die Bewegung kontinuierlich bleibt. Im Kontinuierlichen, in dem sich nach Zenon Achilles und die Schildkröte befinden, gibt es unendlich viele Hälften, allerdings trifft dies in der Verwirklichung nicht zu, sondern ist bloß potentiell. Das heißt, dass in der Wirklichkeit in diesem Sinne keine kontinuierliche Bewegung besteht. Achilles kann die Schildkröte somit überholen, der Pfeil gelangt an die Dartscheibe und wir können über die Straße gehen, da die Unendlichkeit in der Potenz möglich ist, jedoch nicht in der Realität. Auch wenn es einem vorkommen mag, als habe eine Linie unbegrenzt viele Hälften, so ist dies in der Verwirklichung nicht der Fall.[18]

Unendlich viele Primzahlen

Euklid von Alexandria (ca. 300v- Chr.) war ein Philosoph über dessen Leben leider nicht sehr viel bekannt ist, so Wikipedia. Er stellte eine Musiktheorie auf und beschäftigte sich mit der Mathematik. Die damaligen mathematischen Kenntnisse fasste er im Buch der Elemente zusammen.[19] Unter anderem stellt er in diesem Buch die Behauptung auf, dass es unendlich viele Primzahlen gäbe, allerdings beschrieb er es

---

[17] vgl. Wallace 2015, S. 65f

[18] vgl. Aristoteles : Physik, Buch V

[19] vgl. Wikimedia Foundation Inc. (2018): Euklid. Online im Internet: https://de.wikipedia.org/wiki/Euklid Stand 12.2.2018

ohne das Wort unendlich. Er sagt vielmehr es gäbe keine größte Primzahl, was natürlich auf das Gleiche hinausläuft.
Um dies auch zu beweisen, nimmt der Autor Wallace an, die größte Primzahl sei *P*. Somit wären die Primzahlen endlich (2, 3, 5, 7, 11, ...*P*). Jetzt wird jede Primzahl der endlichen Folge miteinander multipliziert und zu dem Ergebnis 1 addiert. Dieses Ergebnis ist die Zahl *R*. *R* ist demnach größer als *P*. Wenn *R* nun eine Primzahl ist, wurde damit widerlegt, dass *P* die größte Primzahl ist. Wenn *R* keine Primzahl ist, dann muss *R* jedoch durch eine Primzahl dividiert werden können. Es kann allerdings keine Primzahl aus der endlichen Reihe sein, da es immer einen Rest von 1 geben würde. Folglich muss es eine größere Primzahl als *P* geben, in welche *R* zerlegt werden kann.[20]
Um es noch einmal zu veranschaulichen, zeige ich ein Zahlenbeispiel aus der Oberstufenakademie:
Nehmen wir$2 \cdot 3 + 1 = 7$, 7 ist eine Primzahl und größer als 3, welche zuvor die größte Primzahl war, bevor wir bewiesen haben, dass 7 eine größere Primzahl ist.
Dies lässt sich immer so weiterführen, bis das Ergebnis keine Primzahl ist.

$$2 \cdot 3 \cdot 5 \cdot 7 \cdot 9 \cdot 11 \cdot 13 + 1 = 30031$$

30031 ist keine Primzahl, sie lässt sich jedoch in $59 \cdot 509$ zerlegen. Beide sind Primzahlen und offensichtlich auch größer als 13. Dies kann immer so weitergeführt werden, denn es gibt immer noch eine größere Primzahl, allerdings werden heut zu Tage die sehr großen Primzahlen über einen Computer und nicht mit der Hand ausgerechnet.[21]
Tatsächlich gibt es Menschen, welche sich das Finden und Beweisen von unglaublich großen Primzahlen zum Sport gemacht haben. Spencer sagt, dass eine der größten Primzahlen, die jemals entdeckt wurde, $2^{57.885.161}$-1 ist. Dazu muss man sagen, dass das Beweisverfahren etwas anders ist. Hier hat die 2 immer eine Potenz, welche die nächste größte Primzahl ist, davon subtrahiert man 1 und es ergibt entweder eine Primzahl die größer ist als die Potenz der 2 oder keine Primzahl die größer ist. Auch wenn es keine Primzahl ist, kann sie aber wieder in zwei Faktoren zerlegt werden, welche prim sind und gleichzeitig auch größer als die Potenz. Nun zurück zu der massiven Primzahl, wie groß ist sie denn jetzt wirklich?
Dazu gibt Spencer ein paar Beispiele: Zunächst besitzt sie 17.000.000.000,5 Millionen Ziffern. Würde diese Zahl an einem Computer aufgeschrieben werden und das Dokument würde gespeichert werden, hätte es 22 MB. Immer noch nicht richtig vorstellbar?
Kein Problem. Stellen Sie sich alle sieben Harry Potter Bände vor, würde man diese Primzahl aufschreiben, wäre sie so lang wie alle diese sieben Harry Potter Bände und nochmal die Hälfte dieser Bände dazu.[22]

---

[20] vgl. Wallace 2015, S.40f

[21] vgl. Material aus der Oberstufenakademie vom 15.12.2018-22.12.2018

[22] vgl. Spencer, A.(2013) : Why I fell in love with monster prime numbers. Online im Internet: https://www.ted.com/talks/adam_spencer_why_i_fell_in_love_with_monster_prime_numbers Stand 13.2.2018

Die 9-Teilung

Zum Ende des Unterkapitels unendlich viele Zahlen möchte ich das Paradox der 9-Teilung anhängen. Bevor wir beginnen, ergänze ich noch ein anderes Paradox zum Einstieg.
Dank Euklid ist es uns bewusst, dass eine Linie aus Punkten besteht und jede Linie unendlich viele Punkte hat, so Wallace. Ein Punkt ist wie bekanntlich ein geometrisches Element, welches keine Ausdehnung besitzt. Eine Linie hat demnach keine Ausdehnung, da sie ja bloß aus Punkten besteht, jedoch erstreckt sie sich in die Unendlichkeit. Wie ist das möglich?[23] Noch verwirrender verhält es sich mit der sogenannten Konstruktion der 9-Teilung, sie geht wie folgt:
Ein rechtwinkliges Dreieck hat eine Kathete mit der Länge von einem Meter und die Hypotenuse eine Länge von 1,8 Meter. Die übrigbleibende Kathete ist die Kathete K. Die 1,8 Meter lange Hypotenuse wird in 9 Teile mit jeweils einer Länge von 0,2 Metern unterteilt. Bevor ich fortfahre, muss gesagt werden, dass die Kathete mit der Länge von einem Meter natürlich kürzer ist und weniger Punkte auf ihr sind, als auf der 1,8 Meter langen Hypotenuse. Allerdings kann gezeigt werden, dass dies nicht der Fall ist! Nachdem die Hypotenuse in 9 Abschnitte geteilt ist, werden parallel zu Kathete K 9 Linien zu der Kathete mit der Länge von einem Meter konstruiert. Somit hat die ein Meter lange Kathete dieselbe 9-Teilung, wie die Hypotenuse, welche um 0,8 Meter länger ist. Merkwürdig, nicht?

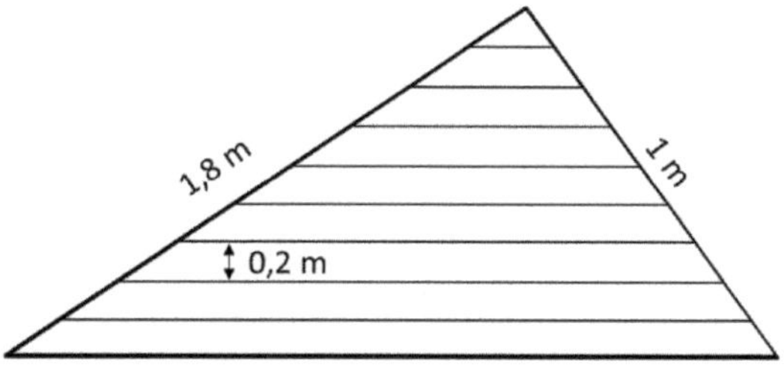

Bild 7 – Konstruktion der 9-Teilung

[23] vgl. Wallace 2015, S.51

2.5. Unendliche Zahlen/ Irrationale Zahlen

Es ist noch nicht all zu lange her, als die irrationalen Zahlen nicht akzeptiert wurden, wie andere Zahlen. Irrationalität und auch die Zahl Null galten früher als Verrücktheit. Der Autor Wallace berichtet, dass zu Beginn der Entdeckung der Irrationalität es schien, als würden Mathematiker beweisen wollen, dass ein Einhorn nicht etwa ein Tier sei, welches niemand jemals gesehen hat, sondern dass ein Einhorn eher eine völlig neue Art von Tier sei. Zudem soll es besondere Eigenschaften haben und gleichzeitig unsichtbar sein.[24]
Schon bei den Griechen galt die Irrationalität als ein Skandal, denn zur Zeit Pythagoras galt der Grundsatz „Alles ist Zahl“, so die Internetseite „geo.de“. Dabei ging es vor allem darum, die Natur durch ganze Zahlen zu erklären und zu erfassen, so Pesic. Ein griechischer Philosoph namens Hippasos von Metapont, der ungefähr zum Ende des fünften Jahrhunderts v. Chr. lebte fand heraus, dass es Größen gebe, die sich nicht durch ganzzahlige Verhältnisse ausdrücken ließen. Wie beispielsweise der goldene Schnitt. Hippasos wurde für diese Entdeckung mit dem Tod bestraft, für den Verrat des so genannten Geheimnisses wurde er im Meer ertränkt.[25]

Pi

Irrationale haben die Eigenschaft, dass wenn sie in eine Dezimalschreibweise ausgedrückt werden, die Dezimalstellen hinter dem Komma weder begrenzt noch periodisch sind, so Wallace.[26] Sehr wahrscheinlich sind die irrationalen Zahlen auch so umstritten gewesen und fanden deswegen lange Zeit keine Anerkennung. Ungefähr im 17. Jahrhundert begannen viele Mathematiker sich mit der Irrationalität auseinander zu setzten, so Clegg.[27]
Die Internetseite „3.14159.de“ sagt, dass die Zahl Pi wohl als eine der ältesten irrationalen Zahlen gilt. Bereits bei den Ägyptern, ca. 2000 v. Chr. wurden Annäherungswerte für Pi gemessen. Dabei lagen sie mit einem Wert von 3,16 weniger als ein Prozent neben dem korrekten Zahlenwert. Der griechische Philosoph Archimedes war der erste, welcher Pi schriftlich und rechnerisch herleitete und dadurch auch 2 Stellen nach dem Komma erlangte. Der Buchstabe Pi stammt aus dem griechischen Alphabet und ist der sechste Buchstabe. Das nächste einschneidende Ereignis von Pi trug sich erst in der Neuzeit zu, als es dem Mathematiker Ludolph van Ceulen (1540-1610) gelang Pi bis auf die 35. Stelle zu berechnen. Veröffentlicht wurde diese Ziffernfolge erst im Jahre 1615. Auf Ludolphs Grabstein wurde Pi bis auf die 35. Stelle eingraviert. Im Jahre 1707 knackte der Astronom und Mathematiker John Machin die hundertste Stelle von Pi. Als das Zeitalter der Computer begann, gelang es Mathematikern Pi bis auf die 1.000.000.000. Stelle zu errechnen, dies geschah im Jahre

24 vgl. Wallace, S.56

25 vgl. Broschart, J. (2018): Unendlichkeitslehre: Todesstrafe für Denker. Online im Internet: https://www.geo.de/magazine/geo-epoche/10691-rtkl-unendlichkeitslehre-todesstrafe-fuer-denker Stand 13.2.2018

26 vgl. Clegg 2015, S.103

27 vgl. Wallace 2015 S.140

1989. Der heutige Pi-Stellen Weltrekord liegt bei 22,4 Billionen Stellen und wurde 2016 aufgestellt.[28]

Abbildung ist aus urheberrechtlichen Gründen nicht Teil dieser Arbeit.

Bild 8 - Pi

Wie wir wissen besitzt Pi unendlich viele Stellen, was es auch zu einer irrationalen Zahl macht. Pi war außerdem ein Auslöser, dass die Irrationalität nicht länger ignoriert werden konnte. Doch nicht nur Pi war vielen Mathematikern in früherer Zeit nicht geheuer, sondern auch die Wurzel aus 2.
Das Problem entstand nachdem der Satz des Pythagoras entdeckt war. Zuvor wurde er nur auf reale geometrische Sachverhalte angewendet, bis man versuchte, die Hypotenuse von dem gleichschenkligen Einheitsquadrat zu errechnen. Dabei stellte sich schnell heraus, dass die Hypotenuse nicht mit einer rationalen Zahl dargestellt werden könne.

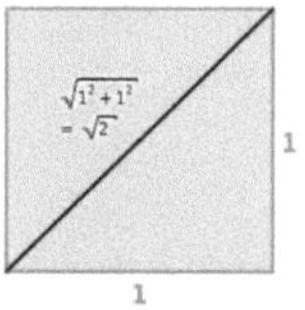

Bild 9 - Einheitsquadrat

Anhand eines Verhältnisses $\frac{p}{q}$ versuchte man die Länge der Hypotenuse darzustellen, denn diese ist beim Einheitsquadrat $\sqrt{2}$. Da jede rationale Zahl in einen Bruch verwandelt werden kann, wurde gedacht, dass dies auch bei der Wurzel aus zwei funktioniert. Der Autor Wallace beschreibt, dass wenn man p und q herausfinden will, muss die Annahme gemacht werden, dass der Bruch gekürzt ist und p und q größer als Null sind. Durch den Satz des Pythagoras kann $q^2 + q^2 = p^2$ zu $p = 2q^2$ umgeformt werden. p kann nicht ungerade sein, da eine Zahl, welche mit 2 multipliziert wird immer grade ist. Nehmen wir an p ist gerade, dann könnte p ebenso als $2r$ ausgedrückt werden, weil r in dem Falle die Hälfte von p wäre. Wird dies in die Gleichung eingesetzt, bekommen wir $4r^2$=$2q^2$ und gekürzt ergibt dies $2r^2 = q^2$. Daraus folgt, dass q auch eine gerade Zahl ist, allerdings ist das Problem, dass ein Bruch mit zwei geraden Zahlen immer gekürzt werden kann. Damit ist der Versuch ein Widerspruch. Das kommt daher, dass die irrationalen Zahlen nicht in Brüche dargestellt werden können, daher auch der Widerspruch.[29]

Ist 1=0,99999 ?

[28] vgl. Steffens, G. (2018): Die Zahl Pi – Faszination in Ziffern. Online im Internet: https://3.14159265358979323846264338327950288419716939937510582097494459 2.eu/ Stand 15.2.2018

[29] vgl. Wallace 2015, S.101f

Ist die Zahl 0,9999 gleich 1? Das könnte angenommen werden, wenn bedacht wird, dass die 0,99999 sich auf Grund der Periode unendlich lange wiederholt. Theoretisch könnte jede Zahl so ausgedrückt werden:

$1 = 0,\overline{99}$
$2 = 1,\overline{99}$
$3 = 2,\overline{99}$

und so weiter...
Dazu besteht noch ein anderer Beweis, der für die Gleichheit von 0,99999 und 1 spricht: $\frac{1}{3}=0,\overline{333}$ und $\frac{3}{3}=1$, das steht fest. Nehmen wir nun ein Drittel und multiplizieren dies mit der 3 bekommen wir: $3 \cdot \frac{1}{3} = \frac{3}{3} = 0,\overline{999}$. Wir wissen, sind $\frac{3}{3}$ ein Ganzes, also 1, damit wird gezeigt, dass $0,\overline{999} = 1$. Der Gegenbeweis ist, dass gesagt wird, $0,\overline{99}$ sei eine surreale Zahl, also eine unendlich lange und große Zahl, die nicht real ist. Dadurch sind andere Regeln beim Rechnen zu beachten, weshalb nicht angenommen werden kann, dass $\frac{3}{3} = 0,\overline{99}$. Darüber hinaus könnte auch argumentiert werde, dass $0,\overline{99}$ eine andere Zahl als 1 ist und vor allem immer etwas weniger als 1, aus diesem Grund können diese nicht gleich sein.

2.6 Folgen und Grenzwerte

Folgen und Reihen setzen sich unendlich lange fort. Das einfachste Beispiel ist wohl die Folge der reellen Zahlen: 1, 2, 3, ... Diese könnte unendlich lange weiter gezählt werden. Folgen oder Reihen konvergieren stets gegen eine Zahl. Diese Zahl nennt sich Grenzwert. Wie Wallace beschreibt, gilt Karl Weierstrass (1815-1897) als „der größte Mathelehrer des Jahrhunderts“[30] auch wenn er seine Vorlesungen nie veröffentlichte.

Abbildung ist aus urheberrechtlichen Gründen nicht Teil dieser Arbeit.

Bild 10 - Weierstrass

Im Jahre 1850 erhält er eine Professur an der Universität Berlin. Er war zudem der erste, welcher eine vollständige Theorie der Grenzwerte entwarf. Ebenso setze er in diese Theorie die gegeben Größen wie Epsilon, Delta und die Betragsstriche ein, welche bis heute noch genutzt werden.[31]
Die Definition nach Weierstrass des Grenzwertes einer Folge lautet folgendermaßen:
„Eine Zahl $a \in \mathbb{R}$ heißt Grenzwert der Folge a_n, wenn gilt: Für jedes $\varepsilon > 0$ gibt es eine Zahl $n\varepsilon \in \mathbb{N}$, so dass $|an - a| < \varepsilon$ für alle $n > n\varepsilon$.“ [32]
Das heißt, dass eine Folge dann gegen a konvergiert, wenn ein Wert als Grenzwert festgelegt werden kann. Dafür wird ab einer bestimmten Stelle auf der x-Achse ne festgelegt. Ab diesem Punkt müssen sich die Folgeglieder dem Grenzwert nähern und im Rahmen des vereinbarten Bereichs von e bleiben. Wenn also die weiteren Folgeglieder $n < n_0$, konvergieren sie damit gegen a und zugleich werden sie niemals a werden, somit sind es potenziell unendlich viele Folgeglieder, die sich dem Grenzwert annähern.
Man schreibt:

$$\lim_{n\to\infty} a_n = a$$

Bei Folgen kann zwischen transfiniten und infinitesimalen Folgen unterschieden werden, so Wallace. Bei der Folge 11, 12, 13, 14, ... wäre das n-te Glied der Folge $1n$. Der Wert für n im Nenner wird immer größere werden während die Brüche immer kleiner werden und sich der Zahl 0 nähern. Es wird gesagt, die Folge konvergiert gegen den Grenzwert 0, jedoch wird $1\,n$ niemals 0 werden ($1\,n = 0$). Der Abstand zwischen den Folgegliedern und des Grenzwertes wird somit unendlich klein, die Folge ist infinitesimal. Eine transfinite Folge hingegen konvergiert nach Wallace gegen unendlich, Beispielsweise die Folge 1, 2, 3, 4, ... oder 1, 2, 4, 9, 16, 32, 64, ..., solche besitzen keine Zahlengrenze, da sie sich unendlich weit hinfort erstrecken.[33]

Auf der Internetseite „Matheside“ wird der Unterschied zwischen Folgen und Reihen beschrieben. Die Elemente der Definitionsmenge n einer Folge bestehen demnach aus

---

30 zit. Wallace 2015 S.233

31 vgl. Wallace 2015, S232ff

32 zit. Grenzwerte von Folgen, S.1

33 vgl. Wallace 2015, S.197

ℕ (Menge der natürlichen Zahlen:1, 2, 3, ...) n ist also aus der Menge der natürlichen Zahlen, man schreibt: $n \in \mathbb{N}$. n gibt jeweils die Nummer des Folgeglieds an und auf jedes Folgeglied folgt ein weiteres. a_n ist das n-te Folgeglied, sein Vorgänger wäre a_n-1 und sein Nachfolger a_n+1. Um z.B. die Folge der Quadratzahlen zu bilden, müsste $a_n = n_2$.

Das würde heißen:

Für $n = 1 = a_1 = 1_1 = 1$

Für $n = 2 = a_2 = 2_2 = 4$

Und so weiter. Es entsteht die Folge der Quadratzahlen: 2, 4, 9, 16, 25, ...

Bei einer Reihe hingegen werden die Glieder aufsummiert, dadurch bestimmt die Summe die Anzahl der Folgeglieder. Eine Reihe kann sowohl eine Summe als auch einen Grenzwert besitzen.

Z.B: $1 + 2 + 3 + 4 + 5 + 6 \ldots + n =$ [34]

Der Autor Wallace bezeichnet die Reihe als enge Verwandtschaft zur Folge. Der Unterschied liegt darin, dass Folgen Grenzwerte haben, Reihen haben Summen und Grenzwerte.[35]

Mengenlehre

Georg Ferdinand Ludwig Philipp Cantor (1845-1918) ist ein sehr berühmter Mathematiker, welcher großen Einfluss auf die Mathematik hatte. Laut der Internetseite „heise online" wurde Cantor in St. Petersburg geboren und starb in Halle. Im Jahr 1862 studierte er Mathematik in Zürich, Göttingen und Berlin. Zwei Jahre nachdem er in Berlin promovierte, begann er an der Universität in Halle zu lehren und sich intensiver mit Mengen und Zahlen auseinander zu setzen. Dort übte er seine Berufung bis fünf Jahre vor seinem Tod aus.

Cantor ist der Gründer der Mengentheorie, welche er zunächst als „Lehre der Mannigfaltigkeit" nannte.[36]

Ein simples Beispiel der Mengenlehre ist die Menge aller reellen Zahlen. Diese Menge enthält die irrationalen und die rationalen Zahlen. Diese beiden Zahlengruppen sind somit jeweils die Teilmengen der Menge der reellen Zahlen. Eine Teilmenge definiert sich vor allem dadurch, dass mindestens ein Element aus der Teilmenge A nicht in Teilmenge B vorhanden ist. Zudem gibt es noch weitere Mengenbezeichnungen wie die Vereinigungsmenge, Komplementmenge und noch weitere, welche in jeder herkömmlichen Formelsammlung zu finden sind.

Mengen haben zudem immer eine Kardinalzahl, welche die Mächtigkeit der Menge bezeichnet, so der Autor Clegg. Da jede Menge diese Eigenschaft besitzt lassen sich verschiedene Mengen sehr gut vergleichen. Zudem haben Mengen auch eine

---

34 vgl. Glege, R. (2018): Folgen und Reihen. Online im Internet: http://www.mathesite.de/pdf/folge.pdf Stand 15.2.2018

35 vgl. Wallace 2015, S.144

36 vgl. Bülow, R. (2018): 100. Todestag von Georg Cantor: Der Meister der Mengen. Online im Internet: https://www.heise.de/newsticker/meldung/100-Todestag-von-Georg-Cantor-Der-Meister-der-Mengen-3934810.html Stand 15.2.2018

Ordinalzahl oder auch Ordnungszahl, welche ganz einfach die Position der Zahl in der Reine oder Folge angibt.[37]
Ein Beispiel: Eine Menschenmenge von 10 Personen wird nach dem Alter sortiert. Die Person, welche sich auf Position 5 befindet, ist offensichtlich die fünf-älteste Person der Menge, diese hätte zugleich die Ordnungszahl 5. Die Kardinalzahl der Menge wäre 10. Bei endlichen Mengen ist die letzte Ordnungszahl und die Kardinalzahl letztendlich dieselbe, bei unendlichen Mengen ist dies nicht mehr der Fall.[38]
Nach dem Autor Clegg können zwei Mengen die gleiche Mächtigkeit haben auch wenn sie inhaltlich nichts mit einander zu tun haben.
Al Beispiel vergleichen wir zwei Meng miteinander. Einmal die Menge der Beine eines Hundes und die Menge der Symbole eines üblichen Mau-Mau Spiels, dabei beziehe ich mich auf Karo, Herz, Pick und Kreuz. Beide Mengen haben die Kardinalzahl 4. Trotz des ungleichen Inhaltes können die Mengen auf Grund ihrer gleichen Mächtigkeit verknüpft werden und zwar mit Hilfe der so genannten 1:1- Beziehung oder 1 zu 1 Überstimmung (1-1Ü), so Clegg. Bedeutet, dass jedes Element der einen Menge mit jedem Element, der andere Menge verknüpft werden kann. Jedem Hundebein kann ein Symbol zugeordnet werden.[39]
Die 1-1Ü kann gleichzeitig verwendet werden, um heraus zu finden, ob zwei Mengen dieselbe Mächtigkeit besitzen, oder nicht.
Wallace beschreibt, dass die Mathematiker und Astrophysiker wie Galilei sich bereits im 17. Jahrhundert mit der 1-1Ü beschäftigten die jedoch damals noch nicht diese Bezeichnung besaß. Dadurch entstand ein Paradoxon von Galilei.
Das 5. Axiom Euklids besagt, dass „das Ganze ist immer größer als ein Teil"[40] was zunächst logisch und verständlich klingt. Die Quadratzahlen wurden bei dem Paradoxon als Beispiel gewählt. Die Quadratzahlen sind eine Teilmenge der Menge der natürlichen Zahlen, denn jede Quadratzahl ist eine natürliche Zahl, allerdings ist nicht jede natürliche Zahl eine Quadratzahl. Daraus lässt sich schließen, dass die Menge der Quadratzahlen geringer sein muss, als die Menge der natürlichen Zahlen, da die Quadratzahlen bloß eine Teilmenge sind. Jedoch muss hinzugefügt werden, dass „(...) auch wenn nicht jede natürliche Zahl eine Quadratzahl ist, so ist doch jede natürliche Zahl tatsächlich die Quadratwurzel einer echten Quadratzahl(...)".[41] Dies trifft zu: 2 ist die Quadratwurzel von 4, 3 von 9, 5 von 25, 911 von 829921 und immer so weiter. Die beiden Mengen lassen sich, wie bei dem Hund und den Symbolen anhand einer 1-1Ü miteinander verknüpfen.

$$\begin{array}{cccccc} 1 & 2 & 3 & 4 & 5 & \ldots n \\ \downarrow & \downarrow & \downarrow & \downarrow & \downarrow & \downarrow \\ 1 & 4 & 9 & 16 & 25 & n^2 \end{array}$$ [42]

[37] vgl. Clegg 2015 S.218f
[38] vgl. Clegg 2015 S.140
[39] vgl. Clegg 2015 S.218
[40] zit. Wallace S.54
[41] zit. Wallace S.54
[42] vgl. Wallace 2015 S54f

Daraus lässt sich erkennen, dass die beiden Mengen unendlich sind und deswegen auch gleich mächtig sind. Offensichtlich ein Widerspruch zum 5. Axiom von Euklid.
Ein weiteres Paradoxon entdeckte der Mathematiker Bernhard Bolzano (1781-1848), der auch Philosoph und Theologe war, so die Projektarbeit zum Thema „Paradoxien des Unendlichen“ [43]
Nach Wallace ist Bolzano der erste, welcher sich an die unendliche Dichte der Zahlengerade herantraute. In seinem Paradoxon des Unendlichen untersucht er die Menge der reellen Zahlen im Intervall [0,1] auf der Zahlengerade. Dabei stellte er eine Grundfunktion auf: 2x=y.
In diese setzte er für jeden x-Wert einen Punkt aus dem Intervall [0,1] ein. Dadurch stellte er fest, dass es zu jedem x-Wert im Definitionsbereich einen y-Wert ergibt der aus dem Intervall [0,2] ist. Somit lässt sich schließen, dass im Intervall [0,1] genau so viele Punkte auf der Zahlengerade liegen wie im Intervall [0,2], denn es besteht eine 1-1Ü zwischen den beiden Intervallen. Darüber hinaus kann gezeigt werden, dass die Mächtigkeit des Intervalls [0,1] mit jedem Intervall zwischen 0 und einer anderen beliebigen Zahl gleich ist.[44]
Diese beiden Mengen enthalten demnach gleich viele Zahlen, obwohl das eine Intervall viel kleiner als das andere ist.
Um das Paradoxon vielleicht etwas verständlicher und vor allem glaubhafter zu machen, zeige ich eine geometrische Darstellung dazu.
Über diesen Gedanken kann man sich wahrlich den Kopf zerbrechen. Cantor auch. Cantor war es auch, der die paradoxen Gedanken, welche durch Bolzano und Galilei erzeugt wurden, auflöst indem er die Mengenlehre der unendlichen Mengen entwarf.
Die Eigenschaft der unendlichen Mengen ist nach Cantor, dass die Teilmenge einer unendlichen Menge dieselbe Mächtigkeit wie die unendliche Menge besitzt, wenn die beiden Mengen in eine 1-1Ü gebracht werden können, so Wallace. Allerdings ist es merkwürdig die „Größe“ von zwei unendlichen Mengen zu vergleichen. Cantor hatte einen weiteren Einfall und zwar den Begriff der Abzählbarkeit. Dabei wird die Menge der positiven Zahlen zum Zählen genutzt mit Hilfe der 1-1Ü. Bei dieser Menge (1,2, 3, ...) kann genau gesagt werde: Element 1 ist 1, Element 2 ist 2 und so weiter. Sie lässt sich genau abzählen und deswegen auch der Begriff der Abzählbarkeit.[45]
„Eine unendliche Menge A ist abzählbar genau dann, wenn zwischen A und der Menge aller positiven ganzen Zahlen eine 1-1Ü besteht.“[46]
Der Autor Wallace schreibt weiter, dass durch diese Abzählbarkeit die Menge der positiven Zahlen zu einer Basis-Kardinalzahl für unendliche Mengen geworden ist. Cantor führte für diese Basis- Kardinalzahl ein Symbol ein: $\aleph_0$ gesprochen Aleph-Null. Dadurch kann die Mächtigkeit von anderen unendlichen Mengen abgeschätzt werden. Kann zu jedem Element einer unendlichen Menge eine positive Zahl zugeordnet werden, besitzt diese somit eine unendliche Mächtigkeit, wie Aleph-Null. Durch diese Methode konnten weitere unendliche Mengen verglichen werden. Wenn beispielsweise geprüft werden wollte ob Menge B aller positiven Zahlen und Menge C alle ganzen

[43] vgl. Maier, C., Moschner, S., Welz, V. (2004): Paradoxien des Unendlichen. Online im Internet: https://www.joerg-rudolf.lehrer.belwue.de/kurse/04_mathe_os/paradoxien.pdf Stand 4.3.2018

[44] vgl. Wallace 2015 S.158f

[45] vgl. Wallace 2015 S.313ff

[46] zit. Wallace 2015 S.316

Zahlen, mit einbeschlossen sind auch die negativen Zahlen und 0, gleichmächtig sind, funktioniert dies am besten mit der 1-1Ü. Dabei spielt es keine Rolle on welcher Reihenfolge die Menge C aufgestellt wird, denn sonst hätte sie keinen Anfang. Dadurch wird eine perfekte 1-1Ü möglich:

$$B = 1 \quad 2 \quad 3 \quad 4$$
$$\downarrow \quad \downarrow \quad \downarrow \quad \downarrow$$
$$C = 0 \quad -1 \quad 1 \quad -2$$ [47]

Die beiden Mengen haben die gleiche Mächtigkeit. Anhand dieser Methode kann jede unendliche Menge überprüft werden, so lange eine 1-1Ü für den 1-ten, n-ten und (n+1) -ten Fall gibt, so Wallace. Das Beste daran ist, dass die Mengen nicht einmal gezählt werden müssen, um die Kardinalzahlen zu vergleichen.[48]

Durch dieses Verfahren beweist Cantor nicht nur, dass ein Größenvergleich zwischen unendlichen Mengen möglich ist, sondern auch, wie die rationalen Zahlen abgezählt werden können, einer seiner berühmtesten Beweise. Die rationalen Zahlen und deren Dichte, welche wir schon im Intervall $[0,1]$ auf der Zahlengerade kennenlernten, wirkt zunächst undurchschaubar und es scheint nahe zu unmöglich einen Anfang zu finden. Doch Cantor fand eine Lösung die rationalen Zahlen in eine Ordnung zu bringen. Es handelt sich um das so genannte Cantor´sche Diagonalverfahren.

Dabei sind alle rationalen Zahlen im Verhältnis $\frac{p}{q}$ ausgedrückt und diese Brüche wurden in ein 2D Schema geordnet. Die Bezeichnung Diagonalverfahren kommt daher, dass die Zahlen diagonal abgezählt werden wie es in diesem Bild deutlich wird:

(Bild mit Pfeilen auf Diagonalverfahren)

Somit bewies Cantor, dass auch die rationalen Zahlen abzählbar sind.

Aleph-Null

Aleph-Null ist der erste Buchstabe des hebräischen Alphabets, so Clegg. Aus welchem Grund Cantor ihn wählte ist unklar. Amir Aczel vermutet in einem seiner Bücher, dass obwohl Cantor Christ gewesen sei, er jüdische Wurzeln besaß. Das Aleph stellt in einer jüdischen Tradition, der Kabbala, Gott als das Unendliche da. Es ist also eine Repräsentation Gottes. Durch Aleph-Null gelang es Cantor die Unendlichkeit mehr oder weniger fest zu halten und vor allem die potentielle Unendlichkeit von dieser zu unterscheiden. Die merkwürdigste Eigenschaft von Aleph-Null ist wohl, dass sich damit nur schwer rechnen lässt, was auch der Grund ist, weshalb viele Mathematiker zunächst abgeschreckt waren und sich die Existenz von Aleph-Null nur schwer vorstellen konnten. Wenn zum Beispiel 1 zu $\aleph_0$ addiert werden soll, ergibt die Summe nichts anderes als $\aleph_0$. Genauso verhält sich Aleph-Null bei der Addition und Multiplikation mit sich selbst: $\aleph_0+\aleph_0=\aleph_0$ oder $\aleph_0 x \aleph_0=\aleph_0$.[49]

Doch genau genommen, verhalten sich die Zahl 0 und 1 nicht anders, jedoch erscheint es zuerst seltsam. Der Autor Clegg sagt, dass wie schon erwähnt Aleph-Null nichts anderes ist, als die Menge der natürlichen Zahlen, damit einbeschlossen sind auch die Quadratzahlen. Solche Mengen sind abzählbar unendlich oder auch überabzählbar, das klingt erst einmal widersprüchlich, wie soll etwas Unendliches abgezählt werden? Es

---

47 vgl. Wallace 2015 S.317

48 vgl. Wallace 2015 S.318

49 vgl. Clegg 2015 S.231f

dient jedoch viel mehr als Möglichkeit jedem Element einer unendlichen Menge eine Zahl zuzuordnen, sie also in eine 1-1Ü zu verknüpfen.[50]
Wie wir schon gesehen haben, konnte Cantor das Paradoxon des Unendlichen von Bolzano auflösen, indem er eine Mengenlehre für unendliche Mengen schuf. Die Unendlichkeit zwischen den Intervallen wird auch als Kontinuum bezeichnet, was die Kurzform für „jeder Wert zwischen" ist, so Clegg.[51] Der Autor Wallace beschreibt, dass es sinnvoll gewesen wäre, wenn Cantor für die Mächtigkeit der Menge der reellen Zahlen das Symbol $\aleph_1$ verwendet hätte. Allerdings wurde aus komplexen Gründen die Kardinalzahl dieser Menge mit dem Symbol c gekennzeichnet. Cantor konnte beweisen, dass $c > \aleph_0$, dass also die reellen Zahlen mächtiger sind, als die natürlichen Zahlen.[52]
Darüber hinaus entdeckte Cantor, dass die Potenzmenge der natürlichen Zahlen das Kontinuum ist, so Clegg. Eine Potenzmenge ist die Mächtigkeit der Menge von Teilmengen, sie wird durch 2^M beschrieben, M ist in diesem Falle die Mächtigkeit der ursprünglichen Menge. Wenn beispielsweise 3 die Mächtigkeit der Menge ist und 8 die Kardinalzahl der Teilmenge, so wäre die Potenzmenge in diesem Fall $2^3 = 8$. Das Konzept der Potenzmengen ist, dass für eine beliebige Menge eine immer noch größere Menge erzeugt werden kann, indem die Elemente der Ausgangsmenge genutzt werden. Durch die Potenzmenge entdeckte Cantor die transfiniten Zahlen. Die höhere Unendlichkeit kennzeichnete er mit $2^{\aleph_0}$. Insgesamt erwies sich die Potenzmenge sehr nützlich für das Verständnis von höheren Unendlichkeiten aller Zahlen.[53]
Nachdem es Cantor gelungen war diese höhere Unendlichkeit zu beweisen, tastete er sich an die rationalen und irrationalen Zahlen heran. Für ihn erschien es sinnvoll, dass die Mächtigkeit dieser genannten Zahlen $\aleph_1$ sein musste, so Clegg. Cantor hatte bereits einige Beweise dafür vorliegen, jedoch waren sie noch nicht überzeugend, trotz alle dem war das Problem wichtig genug, so dass daraus die so genannte „Kontinuumshypothese" entstand. Kontinuum aus dem Grund, da es sich um das Intervall [0,1] auf der Zahlengerade handelte.[54] Wallace beschreibt, dass die Frage, um die es sich bei der Kontinuumshypothese handelt, verschieden formuliert werden könne. Beispielsweise „ „Ist die Mächtigkeit des Kontinuums äquivalent zu der zweiten Zahlklasse?; „Bilden die reellen Zahlen die Potenzmenge der rationalen Zahlen; „Ist c gleich $2^{\aleph_0}$"; „Ist $c = \aleph_1$" [55]
Doch egal wie die Frage der Hypothese gestellt wird, sicher ist es, dass es als sehr schwierig galt, diese als wahr oder falsch zu beweisen. Vor allem Cantor, durch den die Hypothese erst entstand, litt sehr schwer unter dem Druck diese lösen zu wollen. Cantor bekam eine schwere Nervenkrankheit, welche ihm sämtliche Preisverleihungen und Konferenzen zum Ende seines Lebens nicht ermöglichte, so Wallace. Ob diese durch die intensive Beschäftigung mit dem Unendlichen entstand, ist schwer zu sagen, jedoch gibt es Zusammenhänge. „Das ständige Bemühen, das Undenkbare zu erfassen, muss einen tückischen Einfluss auf den Geist dieses Mannes ausgeübt haben. (...) das letzte

---

[50] vgl. Clegg 2015 S.249
[51] vgl. Clegg 2015 S.197
[52] vgl. Wallace 2015 S.328f
[53] vgl. Clegg 2015 S.225f
[54] vgl. Clegg 2015 S.256f
[55] zit. Wallace 2015 S371

Thema, mit dem er sich beschäftigt habe, bevor er seine Konzentrationsfähigkeit verlor, sei das Gebiet der Unendlichkeit gewesen.“ [56]
Clegg sagt auch, dass Cantor, jedes Mal bevor er einen Zusammenbruch erlitt, an einem Thema der Unendlichkeit arbeitete. Seine Zusammenbrüche wurden zu dem immer häufiger, ebenso seine Aufenthalte in der Nervenklinik, in welcher er am 6. Januar im Jahr 1918 starb.[57]

Hilberts Hotel und Gabriels Horn

David Hilbert (1862-1943), ein Mathematiker, hatte sich ein merkwürdiges Hotel ausgedacht, das auch nach ihm benannt wurde. Hilberts Hotel hat die besondere Eigenschaft unendlich viele Zimmer zu besitzen, so beschreibt es Clegg. Nun ist es soweit und Hilberts Hotel ist vollkommen ausgebucht, alle Zimmer sind belegt. Jedoch reist ein Gast etwas später an und fragt, ob er möglicherweise noch ein Zimmer bekommen könnte. Natürlich stellt dies für Hilberts Hotel kein Problem dar, denn alle Gäste ziehen einfach eine Zimmernummer weiter und das erste Zimmer wird frei. Dann trägt es sich zu, dass ein unendlich großer Bus mit unendlich vielen Gästen anreist. Auch diese Gäste können im Hotel untergebracht werde. Jeder Hotelgast wird in das Zimmer verlegt, welches die doppelte Zimmernummer des vorherigen Zimmers hat. Der Gast des Zimmers 1geht nach Zimmer 2, der nächste Gast von 2 nach 4 und so weiter. Dadurch werden alle Zimmer mit einer ungeraden Zimmernummer frei, da auch die ungeraden Zahlen unendlich sind, können die Reisebusgäste problemlos in das Hotel einchecken.[58]
Dabei kann erkannt werden, dass $\aleph_0 + 1 = \aleph_0$. Es spielt also keine Rolle, ob die 1, oder die Unendlichkeit zur Unendlichkeit addiert wird, es bleibt $\aleph_0$. Das würde so gleich auf die Einnahmen des Hotelbesitzers zutreffen, denn er könnte nie mehr einnehmen, als $\aleph_0$. Jedoch ist das ja schon eine ganze Menge!
Gabriels Horn ist ein noch komplizierteres Paradoxon als Hilberts Hotel. Der Autor Clegg sagt, dass es sich dabei um die dreidimensionale Darstellung der Funktion $f(x) = \frac{1}{x}$ (für alle x größer 1) handelt.

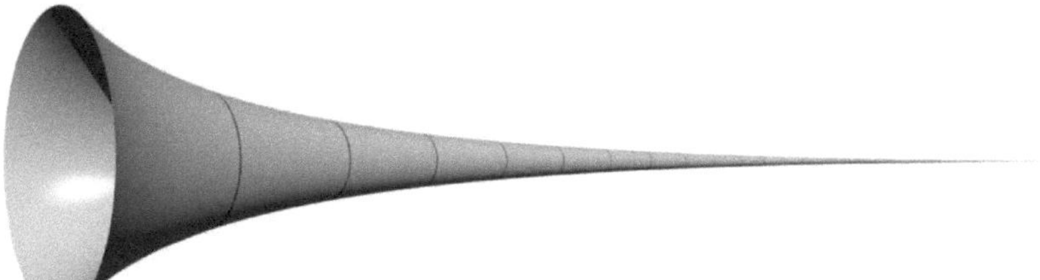

Bild 11 - Gabriels Horn

56 zit. Clegg 2015, S.230
57 vgl. Clegg 2015 S.230
58 vgl. Clegg 2015 S.243f

Die Form erinnert an einen Zauberhut, dessen Spitze sich in das Unendliche zieht. Das Volumen des Horns ist endlich und auch gleichzeitig der Grenzwert des immer kleiner werdenden Querschnittes. Es ist mit einer infinitesimalen Folge zu vergleichen, welche gegen einen endlichen Grenzwert konvergiert und dabei immer kleinere Abstände zum Grenzwert hat. In diesem Falle ist der Grenzwert, ebenso das Volumen, π. Dabei ist es unwichtig ob das Volumen in Kubikmetern, Kubikzentimetern oder anderen Einheiten dargestellt wird, weil es eher eine Rolle spielt welche Maßeinheit am Anfang in die Funktion eingesetzt wird. Die Länge des Horns ist unendlich, das Volumen hin gegen endlich. Wenn nun durch die Integralrechnung die Oberfläche des Körpers berechnet wird, stellt sich heraus, dass diese ebenfalls unendlich ist. Ein Körper dessen Volumen endlich ist, aber die Oberfläche unendlich, stellen sie sich das vor!
Es wird noch verrückter, denn wir füllen das Horn nun mit π Kubikeinheiten Farbe. Das wäre zunächst möglich, denn man benötigt eine bestimmte Menge an Farbe. Jedoch die Oberfläche zu bemalen, stellt sich als schwierig heraus, denn dafür benötigte man ja unendlich viel Farbe. Jedoch ist die Oberfläche im Inneren des Horns doch bereits dadurch bedeckt, dass wir Farbe in das Horn hineinfüllten. Und doch ist es nicht möglich die innere Oberfläche des Horns zu bemalen, da sie eben unendlich ist.
Das eigentliche Problem ist allerdings, dass wir die unendliche Oberfläche des Horns gar nicht vollständig mit Farbe abdecken können, da das Horn immer spitzer zuläuft und dadurch die Farbmoleküle zu „groß“ wären, um in die Spitze des Horns zu gelangen. Dasselbe gilt natürlich für die Farbmenge, die wir in das Horn hineinschütten, das Horn kann zwar bis zum Rand mit der Farbe gefüllt sein, aber die Farbe wird niemals bis in die Spitze gelangen.[59]

---

[59] vgl. Clegg S.235ff

2.7 Zusammenfassung

Zusammenfassend kann gesagt werden, dass die Mathematik und vor allem die Mathematiker es meisterten, die Unendlichkeit durch Zahlen zum Leben zu erwecken. In vielen Beispielen wird die Unendlichkeit deutlich, wie auf der Zahlengerade, welche sich ebenso in die Unendlichkeit erstreckt. Dazu kommt noch, dass die Intervalle der Zahlengerade ebenfalls eine kleine Unendlichkeit verbergen, da sich in jedem Intervall unendlich viele Zahlen und auch noch unendliche Zahlen befinden. Das unendlich Kleine kann verwirrend sein, am Beispiel des Paradoxons von Achilles und der Schildkröte verdeutlicht. Die Schildkröte kann nie von Achilles überholt werden, da die dazugehörige Folge infinitesimal ist.

Die Mathematik besitzt viele Themenbereiche, in welchen die Unendlichkeit existiert und beweisbar ist, es ist sogar möglich in einem Hotel, das unendlich viele Zimmer hat, unendlich viele Gäste unter zu bringen, obwohl das Hotel ausgebucht ist!

Die mathematische Unendlichkeit ist zwar abstrakt, aber trotzdem real.

3 Physikalische Unendlichkeit

3.1 Überblick

In diesem Kapitel beschäftige ich mich mit der Unendlichkeit in der Physik, wobei die Unendlichkeit nicht immer offensichtlich ist. Am eindrucksvollsten ist es, dass in der Physik entweder unendlich Großes, oder unendlich Kleines betrachtet werden kann, von der Relativitätstheorie bis hin zur Quantentheorie.
Zunächst werde ich die verschiedenen Ansichten von unserem Platz im Universum vorstellen, welche sich im Laufe der Zeit veränderten. Danach kommt eine kleine Einführung in die Welt des Atoms, um einen kleinen Einblick in die Größenverhältnisse zu geben und um die nachfolgenden Kapitel verständlicher zu machen. Darauf folgen Quantentheorie und Relativitätstheorie, welche unser Universum am besten beschreiben. Aus diesen Theorien entwickelten sich weitere Theorien, die ich in den folgenden Kapiteln vorstellen werde, wie die Inflationstheorie oder die Vielweltentheorie.

3.2 Unser Platz in Universum

Leben wir in einem unendlich großen Universum, oder ist der Raum des Universums begrenzt? Oder leben wir doch auf dem Rücken einer Riesenschildkröte?
Über letzteres hätte man wahrscheinlich spontan nicht gedacht, doch eine alte Dame, welche diesen Einwand brachte, tat es. Es war bei einem öffentlichen Vortrag für Astronomie, von dem Mathematiker Bertrand Russell, so Hawkings. Russell erzählte darüber, dass die Erde um die Sonne kreise und die Sonne um viele Sterne kreist. Da wand die alte Dame ein, dass wir eigentlich auf einer Scheibe leben, welche von dem Rücken einer Schildkröte getragen wird und diese Schildkröte steht auf einer weiteren Schildkröte und so fort.[60]
Dieser Gedankengang kann möglicherweise daher stammen, dass sich irgendwann jemand fragte, warum die Erde nicht nach unten fallen würde, so Smolin. Da alles, was nicht am Himmel befestigt ist, nach unten fällt, müsse die Erde doch auch herunterfallen. Daher entstand die Idee, dass die Erde von einem unendlich großen Turm von Schildkröten getragen wird. Das Paradox konnte gelöst werde, indem klargestellt wurde, dass die Richtung „unten" eigentlich zur Erde hin bedeutet, da es im Universum so gesehen kein unten und oben gibt. Zur damaligen Zeit war diese Erkenntnis eher schockierend als einleuchtend.[61]
Hawkings berichtet, dass bereits Aristoteles überzeugende Argumente lieferte für die Tatsache, dass die Erde eine Kugel ist. Zum Beispiel, dass wenn man ein Schiff am Horizont sieht, man zuerst den Mast und dann das weitere Schiff erkennt.
Hawkings erzählt weiter, dass im 2. Jahrhundert n. Chr. Ptolemäus ein neues Weltbild schuf, in dem die Erde der Mittelpunkt ist. Bei dem geozentrischen Weltbild kreisen der Mond und die Planeten um die Erde herum, die äußerste Sphäre bildeten die Fixsterne. Vor allem der Kirche gefiel dieses Weltbild sehr gut, da es noch genug Platz für Himmel und Hölle gab.

---

60 vgl. Hawkings 2011 S.11

61 vgl. Smolin 2015 S.148

Im Jahre 1514 stellte Nikolaus Kopernikus ein heliozentrisches Weltbild vor. Zunächst reichte er seine These anonym ein, da die Kirche ihn sonst verfolgt hätte, so Hawkings. Erst ein Jahrhundert später fand seine Theorie aufsehen und im Jahre 1609 wurde das geozentrische Weltbild widerlegt. Bei dem heliozentrischen Weltbild bewegen sich die Planeten entlang kreisförmiger Bahnen um die Sonne. Johannis Kepler erkannte, dass die Bahnen nicht kreisförmig sind, sondern eine elliptische Form haben. Durch die ersten Fernrohre konnte Galilei erkennen, dass Jupiter Monde besitzt, welche sich um Jupiter herumbewegen.[62] Damit wurde die Überzeugung, dass sich alles um die Erde dreht und diese der Mittelpunkt ist, widerlegt.

Heut zu Tage wissen wir, dass das heliozentrische Weltbild richtig ist und dass sich unser Sonnensystem in der Milchstraße befindet. Hawkings erzählt, dass unsere Galaxie, die Milchstraße, einen Durchmesser von ca. hunderttausend Lichtjahren hat. Unser Sonnensystem befindet sich am Rand einer der Spiralarme unserer Spiralgalaxie, die sich zusätzlich langsam um sich selbst dreht.[63]

Die Milchstraße ist natürlich nicht die einzige Galaxie im Universum, sondern eine von vielen. Die Galaxie, welche uns am nächsten liegt ist die Andromeda Galaxie. Wenn es so viele weitere Galaxien gibt, wie groß ist dann das Universum, hat das Universum eine „Größe", oder ist es unendlich?

Es ist schwer zu sagen, wie groß das Universum wirklich ist, da wir erst kleine Bereiche des Universums erforschen konnten. Am weitesten wurde mit dem Hubble Teleskop in das Universum geschaut, laut Internetseite „unendliches.net" betrug diese Strecke ca. 46 Milliarden Lichtjahre. Es wurde oft angenommen, dass dies gleichzeitig der Radius des Universums sei, jedoch können wir nicht einmal die geometrische Form des Raumes vom Universum festlegen und daher ist diese Behauptung nicht richtig.[64]

Die wirkliche Größe und Form des Universums können so gesehen nur anhand von Theorien spekuliert werden. Wenn das Universum wirklich unendlich groß wäre, wie könnten wir es jemals erfahren? Sehr wahrscheinlich nur dadurch, dass Berechnungen, oder Beobachtungen vollführt werden, aber wir selbst könnten nie das ganze Universum bereisen, da wir über ein endliches Leben verfügen. Es sei denn, wir könnten mit Lichtgeschwindigkeit fliegen.

---

62 vgl. Hawkings 2011 S.11ff

63 vgl. Hawkings 2011 S.55

64 vgl. Lotter, J. (2015): Entfernung. Online im Internet: http://unendliches.net/ Stand 12.3.2018

3.4 Atomaufbau

Um die folgenden Kapitel und somit auch das Unendlich Kleine verständlicher zu machen und zugleich einen kleinen Überblick zu geben, beschreibe ich kurz einige Grundlagen zum Atomaufbaus.

Früher vertraten die Griechen die Meinung, dass sich die Materie aus vier Urstoffen zusammensetzt, nämlich Wasser, Feuer, Luft und Erde, so Marti. Besonders Aristoteles war davon überzeugt. Eine weitere Theorie von dem Philosophen Demokrit (5Jh. v. Chr.) war, dass auch diese Urstoffe aus einem winzig kleinen Teil bestehen müssen. Dieses nannte er *atomos*, was auch unteilbar bedeutet.[65]

Es ist noch nicht all zu lange her, als gedacht wurde, dass Protonen und Neutronen Elementarteilchen sind, so Hawkings. Doch dann entdeckte der Physiker Gell-Mann, welcher für diese Entdeckung 1969 einen Nobelpreis erhielt, dass Protonen und Neutronen noch aus viel kleineren Teilchen bestehen, die er Quarks nannte. Dabei existieren verschiedene Arten von Quarks, die als „Flavors" bezeichnet werden und zwar Up, Down, Strange, Charm, Bottom und Top.[66]

Die Autoren Cox und Cohen beschreiben, dass die Protononen und Neutronen, welche den Atomkern bilden aus Up-Quarks und Down-Quarks bestehen. Quarks sind nicht die einzigen Materieteilchen, neben ihnen gibt es noch weitere Gruppen.[67]

Ein Atom besteht aus dem Atomkern der sich, wie bereits erwähnt, aus Neutronen (neutral) und Protonen (positiv geladen) zusammensetzt, um den Atomkern sind die Elektronen (negativ geladen) in Schalen platziert. Je nach dem wie viele Elektronen sich in einer Schale befinden, ist die jeweilige Materie bindungsfreudiger oder eben nicht. Außerdem beschreiben die Schalen den jeweiligen Energiezustand, so Gribbin.[68] Das Schalenmodell wurde von dem Physiker Niels Bohr (1885-1962) eingeführt. Da die Atome so winzig klein sind, ist es oft schwer sich vorzustellen, dass alles aus Atomen besteht. Die meiste Masse befindet sich im Atomkern, hingegen sind die Elektronen sehr leicht. Zum Größenvergleich: Der Atomkern wäre ein Streichholz, welches mitten auf dem Spielfeld eines Stadions liegt, die Elektronen wären die äußersten Sitze. Zwischen diesen ist nichts. Das ganze Stadion würde zudem das Atom darstellen.

Der Autor Gribbin beschreibt, dass in 12 Gramm Kohlenstoff 6×10^{23} Atome, in der Avogadroschen Zahl ausgedrückt, vorhanden sind. Um zu veranschaulichen wie viele Atome das sind, vergleicht Gribbin dies mit dem Alter des Universums. In Sekunden ist unser Universum 5×10^{17} alt. Ein übernatürliches Wesen, welches von „Außen" beim Urknall und der Entstehung des Universums zuschaut, hat 12 Gramm Kohlenstoff vor sich liegen und eine sehr feine Pinzette, mit welcher das Wesen die Atome aus dem Kohlenstoff herauspicken kann. Wenn das Wesen vom Urknall an jede Sekunde ein Atom herausgepickt hätte, wäre es jetzt beim 5×10^{17} –ten Atom angekommen. Dies wären jedoch grade mal ein Millionstel der gesamten Kohlenstoffatome und der verbleibende Haufen wäre immer noch millionenfach größer.[69] Jetzt kann man sich

65 vgl. Marti 2017 S.56

66 vgl. Hawkings 2011 S.89

67 vgl. Cohen, Cox 2017 S.214

68 vgl. Gribbin 2016 S.87

69 vgl. Gribbin 2017 S.82f

ungefähr vorstellen, wie viele Atome sich in nur 12 Gramm Kohlenstoff befinden, eine ganze Menge.
Doch warum fällt das Atom nicht auseinander? Das ist ganz einfach, es gibt verschiedene Kräfte, welche zum einen im Atom vorhanden sind und zum anderen mehrere Atome zusammenhalten oder abstoßen. Die vier Grundkräfte sind starke und schwache Kernkraft, Elektromagnetismus und Gravitation, so Cox und Cohen.
Die elektromagnetische Kraft bindet ein Elektron fest an den Atomkern, also an ein Quark. Dadurch wird es möglich, dass ein Photon, Lichtteilchen vom Elektron aussendet, welches von einem Quark absorbiert wird. Durch die Emission und Absorption entsteht der Elektromagnetismus.
Die starke Kernkraft sorgt dafür, dass der Atomkern zusammengehalten wird, indem die Quarks mit einander wechselwirken. Die Kraft wird durch die Gluonen als Teilchen vermittelt. Die Kernkraft gilt als die stärkste Kraft der vier Grundkräfte, aus diesem Grund ist der Atomkern sehr dicht und klein im Vergleich zu Atom.
Hingegen ist die schwache Kernkraft, wie auch der Name sagt, sehr schwach. Jedoch ist sie von großer Bedeutung, da ohne die schwache Kernkraft beispielsweise unsere Sonne nicht leuchten würde, so Cox und Cohen. Durch die schwache Kernkraft können Protonen in Neutronen umgewandelt werden, der erste Schritt bei der Verbrennung von Wasserstoff zu Helium, wo durch die Sonne ihre Energie gewinnt.
Die letzte und wahrscheinlich auch hartnäckigste Kraft ist die Gravitationskraft. Diese wurde von Isaac Newton entdeckt, welcher zudem eine Formel zum Berechnen der Gravitationskraft aufstellte. [70] Dabei geht es in erster Linie darum, dass die verschiedenen Massen von z.B. zwei Körpern und deren Abstand eine bestimmte Beschleunigung und im diesen Falle auch ein Anziehen oder Abstoßen erzeugt. Weitere Ausführungen werden im Zusammenhang mit der Relativitätstheorie erläutert.
Wie schon erwähnt gibt es noch andere Teilchen neben den Up- und Down-Quarks. Zum Beispiel das Higgs-Bosonen, welches den leeren Raum ausfüllt, wie Cox und Cohen erklären. Alle bekannten Teilchen, ausgenommen sind dabei die Photonen und Gluonen, wechselwirken mit den Higgs-Bosonen. Letzteres wurde erst im Jahre 2012 im Large Collidor des CERNs (Conseil Europeen pour la Recherche Nucleaire) (hamburger abendbaltt) entdeckt.[71]
Diese Informationen über Teilchen und Atome wissen wir heute nur auf Grund des Standardmodells der Teilchenphysik, laut Smolin „die beste Theorie, die wir bislang für Elementarteilchen haben“.[72]

---

70 vgl. Cohen, Cox 2017,S.214ff

71 vgl. Cohen, Cox 2017,S216ff

72 zit. Smolin 2015,S.33

3.4 Quantentheorie

In diesem Kapitel möchte ich einen kleinen Ausblick in die Quantentheorie geben, um mit dem Thema etwas vertrauter zu werden und dies dient ebenfalls für das Verständnis der nachfolgenden Kapitel.
Die Quantentheorie bezieht sich auf das besonders Kleine, so Hawkings.[73] Der Physiker Niels Bohr sagte einmal: „Wer über die Quantentheorie nicht entsetzt ist, der hat sie nicht verstanden.“[74], dies zeigt die wie absurd die Quantentheorie manchmal sein kann.

Welle oder Teilchen?

Der Autor Gribbin beschreibt, dass seit hunderten von Jahren Wissenschaftler glaubten, dass Licht eine stetige Welle sei. Anfang des zwanzigsten Jahrhunderts begann Einstein die Idee von Planck, dass Licht in Quanten abgegeben wird, auf andere Sachverhalte anzuwenden. Laut Planck wird Licht in kleinen Paketen abgegeben, welche er auf den Namen Quanten taufte. Damit wurde auch der Name des Lichtteilchens, Photon festgelegt.[75]
Einstein konnte durch die Quantisierung des Lichtes beispielsweise den Photoeffekt erklären, so die Internetseite „leben-nach-tod“. Da jedoch andere Experimente das Gegenteil bewiesen, gab es lange Zeit Diskussionen darüber, ob das Licht nun in Wellen oder Teilchen auftritt. Es wurde sich auf den so genannten Teilchen-Welle-Dualismus geeinigt, bei dem gesagt wird, dass es auf die Beobachtung und die Situation ankommt, ob das Licht einen Welle- oder Teilchencharakter hat.[76] An dem von Thomas Young durchgeführten Doppelspaltexperiment wurde dies beobachtet, so Gribbin.[77] Die Internetseite „leben-nach-tod“ berichtet weiter, dass der französische Physiker Louis de Broglie den Teilchen-Welle- Dualismus auf das Elektron im Atom anwendete. Das heißt; dass diese Teilchen zugleich einen Wellencharakter besitzen.[78]

Unschärferelation

Ein sehr wichtiger Bestandteil der Quantenphysik ist die Unschärferelation. Der Autor Marti sagt, dass die Unschärferelation von dem Physiker Werner Heisenberg (1901-1976) erfunden wurde. Diese besagt, dass der Impuls und der Ort eines Teilchens nie gleichzeitig bestimmt werden können. Je genauer das eine gemessen werden kann, desto mehr verschwimmt das andere.[79]
Diese Erkenntnis wurde durch die Behauptung des französischen Wissenschaftlers Laplace erlangt, so Hawkings. Laplace behauptete, dass wenn der Zustand des

---

[73] vgl. Hawkings 2011,S.78

[74] zit. Gribbin 2016, S19

[75] vgl. Gribbin 2016, S.62

[76] vgl. Dr. Schuster, D.(2018): Quantenphysik, Bewusstsein und Leben nach dem Tod. Online im Internet: http://leben-nach-tod.de/ Stand 16.3.2018

[77] vgl. Gribbin 2016, S.29

[78] vgl. Dr. Schuster, D. (2018): Quantenphysik, Bewusstsein und Leben nach dem Tod. Online im Internet: http://leben-nach-tod.de/ Stand 16.3.2018

[79] vgl. Marti 2014, S.88,96

Universums zu einem bestimmten Zeitpunkt bekannt sei, somit auch alle weiteren Geschehen vorhergesagt werden können, einschließlich des menschlichen Verhaltens.
Heisenberg fand jedoch heraus, dass dies nicht der Fall ist, da die Geschwindigkeit und der Ort eines Teilchens nie zur selben Zeit gemessen werden können. Damit war der Traum in die Zukunft zu schauen, zerplatzt. [80] Dieses Vorkommen wird mit der Gleichung $\Delta x \times \Delta p = h$ beschrieben, so Gribbin. Dabei beschreibt der erste Term die Ortsunschärfe und der zweite Term die Impulsunschärfe. Das Ergebnis ist die Planck´sche Wirkungskonstante, welche $6{,}626 * 10^{-34}$ ist und bei dieser Gleichung auch immer das Produkt ist. [81] Weiterhin sagt der Autor Gribbin, dass durch die Unschärferelation gesagt werden kann, dass ein Elektron, welches einen präzisen Ort und gleichzeitig einen präzisen Impuls hat, gar nicht existiert.[82]
Die Quantenphysik kann demnach also nie explizite Eigenschaften eines Teilchens bestimmten, sondern eher die Wahrscheinlichkeit, wann jede dieser Eigenschaften auftritt, so Hawkings. Das bedeutet zudem, dass die Quantenphysik auf Zufällen basiert, wo gegen sich Einstein sehr währte, obwohl er paradoxerweise einen Teil zu dieser Entdeckung beigetragen hatte. Er konnte es trotzdem nicht glauben, dass das Universum vom Zufall bestimmt wird, so entstand auch sein berühmtes Zitat: „Gott würfelt nicht“.[83]
Eine weitere absurde Eigenschaft der Quantenphysik ist, dass Teilchen nicht real sind, so lange wir sie nicht beobachten.
„Nothing is real“ –John Lennon[84]

Schrödingers Katze

Der zuletzt erwähnte Satz bezieht sich vor allem auf die Katze von Erwin Schrödinger, also die Katze, welche er sich in seinem berühmten Gedankenexperiment vorstellt. Der Autor Gribbin sagt, dass bei diesem Gedankenexperiment eine lebende Katze zusammen mit einer giftgefüllten Glasflasche, einem Detektor, welcher das Vorhandensein eins radioaktiven Teilchens misst und eine radioaktive Quelle in einer verschlossenen Kiste. Wenn nun eines der radioaktiven Atome zerfallen würde, würde der Detektor somit ein radioaktives Teilchen registrieren, womit die Glasflasche zerstört wird und die Katze stirbt. Die Wahrscheinlichkeit liegt bei jeweils 50 Prozent, ob die Katze tot oder lebendig ist. Jedoch kann dies erst herausgefunden werden, wenn die Kiste geöffnet wird. Solange die Kiste verschlossen bleibt, ist die Katze tot und lebendig zugleich![85]

[80] vgl. Hawkings 2013,S.76f
[81] vgl. Gribbin 2016, S.135f
[82] vgl. Gribbin 2016, S.173
[83] zit. Gribbin 2016, S.78
[84] zit. Gribbin 2016, S.5
[85] vgl. Gribbin 2016, S.220f

3.5 Relativitätstheorie

Die Relativitätstheorie ist mit der Quantentheorie und dem Standartmodell eine der großen Theorien des 20. Jahrhunderts und sind die höchsten Leistungen der Naturwissenschaft, so Smolin.[86]
Zu früherer Zeit, im 19. Jahrhundert glaubten die Wissenschaftler, dass der gesamte Raum vom Äther, einem Medium ausgefüllt ist, dieser Begriff wurde vor allem eingeführt, weil sich sonst nicht vorgestellt werden konnte, dass sich beispielsweise Licht durch den leeren Raum bewegt, so der Autor Kahan. Der Äther stand nach den Wissenschaftlern absolut still, während sich die Himmelskörper darin bewegen. [87]
Es war bereits bekannt, dass das Licht ungefähr eine Geschwindigkeit von 300.000 Kilometer pro Sekunde besitzt, jedoch wurde die Geschwindigkeit der Erde noch nicht gewusst. Im Jahre 1887 führten der Physiker Albert Michelson und der Chemiker Edward Morley ein Experiment durch, mit welchem sie die Geschwindigkeit der Erde ermitteln wollte, so Hawkings. Das Experiment ist heute noch unter dem Namen Michelson-Morley-Interferometer bekannt. Bei diesem Versuch verglichen sie zwei Strahlen, welche mit Lichtgeschwindigkeit rechtwinklig zueinander verliefen. Während dessen sich die Erde um ihre Achse und um die Sonne bewegte. Dabei erwarteten Michelson und Morley, dass die beiden Lichtstrahlen unterschiedlich lang sind und so von der Differenz der beiden Strahlen die Geschwindigkeit der Erde berechnen kann, doch die Lichtstrahlen waren immer gleich lang. Das Experiment wurde mehrere Jahre durchgeführt und das Ergebnis war jedes Mal dasselbe, keiner konnte sich dies erklären.[88]
Viele Physiker versuchten verschieden Lösungen zu finden, doch keine dieser Vorschläge konnte die wirkliche Ursache beweisen, bis Albert Einstein sich intensiv wissenschaftlich damit beschäftigte.
Albert Einstein wurde 1879 in Ulm geboren und starb im Jahre 1955 in Princeton, so Hawkings. Einstein erlangte zunächst keinen Schulabschluss und zudem fiel er in der Schule nicht als Genie auf, trotzdem war er nicht schlecht in der Schule. Seinen Hochschulabschluss holte Einstein in der Schweiz nach, anschließend studierte er an einer Technischen Hochschule den Studiengang Polytechnikum.
Da Einstein nicht der Zugang zu einer akademischen Laufbahn eröffnet wurde, sehr wahrscheinlich aus dem Grund, dass er nicht sehr beliebt bei den Professoren war, da Einstein eine Abneigung gegen jegliche Form von Autorität hatte, fing er 2 Jahre nachdem er das Studium abgeschlossen hatte, in einem Patentamt in Bern an zu arbeiten.[89]
Es wird gesagt, dass die Arbeit am schweizerischen Patentamt Einstein sehr leichtfiel und er deswegen auch sehr viel Zeit gehabt hat um über die großen Fragen der Wissenschaft nachzudenken. Im Jahre 1905 schrieb er die drei Arbeiten, welche ihm zu einem der bedeutendsten Wissenschaftler der Geschichte machten, wie Hawking es beschreibt. Zur selben Zeit beschäftigte Einstein sich mit den Lichtteilchen und entdeckte dabei den Photoeffekt, der einen großen Einfluss auf die Quantenphysik hatte,

---

[86] vgl. Smolin 2015, S.157
[87] vgl. Kahan 1987, S.28
[88] vgl. Hawkings 2016, S.14
[89] vgl. Hawkings 2016, S.12

so Hawkings. Einige Jahre später erhielt Einstein den Nobelpreis für Physik. Im Jahre 1932 verließ Einstein Deutschland, aufgrund der zunehmenden Hetzerei gegen die jüdische Bevölkerung und dem Nationalsozialismus. Nach dem zweiten Weltkrieg wurde Einstein angeboten Präsident des neu geschaffenen Israels zu werden, jedoch lehnte er ab. Aus dem Grund, dass Einstein die folgende Einstellung vertrat: „(...)Gleichungen seien für ihn wichtiger, weil die Politik für die Gegenwart sei, eine Gleichung hingegen etwas für die Ewigkeit.“[90] [91]

Die spezielle Relativitätstheorie

Der Autor Kahan beschreibt, dass die spezielle Relativitätstheorie von Einstein auf zwei Tatsachen basieren, an die zuvor kein Wissenschaftler gedacht hatte und zugleich das Problem des Michelson-Morley-Experimentes lösen.

Erste Tatsache:
„Es ist unmöglich, die Bewegung der Erde, oder irgendeines anderen Himmelskörpers relativ zu einem Äther festzustellen, von dem man annimmt, dass er im Universum absolut stillsteht. Infolgedessen ist es auch unmöglich, zu wissen, ob ein Himmelskörper wirklich ruht oder sich im Universum bewegt“.[92]

Zweite Tatsache:
„Die Geschwindigkeit des Lichts bleibt gleich, unabhängig davon, ob die Lichtquelle sich bewegt oder nicht, oder ob der Beobachter sich bewegt oder nicht.“[93]

Diese Aussagen beschreiben das Problem, dass wir als Beobachter nur relativ und nicht absolut die Bewegung anderer Systeme wahrnehmen können. Ob ein System als ruhend, oder als bewegend wahrgenommen wird, kommt darauf an, ob wir uns in dem bewegenden System, oder außerhalb des Systems befinden. Zum Beispiel könnten wir keinen Unterschied feststellen, ob wir uns in einem Zug befinden, der sich bewegt, oder in unserem Zimmer sitzen, welches ruht, abgesehen davon, dass wir aus dem Fenster schauen könnten. In einem fahrenden Zug bemerken wir die Geschwindigkeit erst, wenn der Zug beschleunigt, diese Kraft drückt uns stärker in den Sitz.
Aber auch die Geschwindigkeit an sich kann verschieden wahrgenommen werden.

Wenn nun auf einem stehenden Zug jemand einen Ball wirft, welcher mit 30 km/h fliegt, dann sehen beide, derjenige auf dem Zug steht und den Ball wirft und derjenige der neben dem Zug steht und zuschaut, dass der Ball mit einer Geschwindigkeit von 30 km/h fliegt, so Kahan. Wenn der Zug mit einer Geschwindigkeit von 20 km/h fährt und der Ball von demjenigen auf dem Zug in die Fahrtrichtung mit 30 km/h geworfen wird, sieht der Werfer den Ball mit 30 km/h seine Hand verlassen. Der Beobachter, welcher nicht auf dem Zug ist, sieht den Ball auf dem fahrenden Zug mit einer Geschwindigkeit von 50 km/h fliegen, da der Ball bereits eine Geschwindigkeit von 20 km/h hat, durch

---

90 zit. Hawkings 2016, S.34

91 vgl. Hawkings 2016, S.32f

92 zit. Kahan 1987, S.63

93 zit. Kahan 1987, S.63

den fahrenden Zug. Zusammen mit der Geschwindigkeit des Balles ist der Ball 50 km/h schnell, für den Außenstehenden.
Im Gegensatz dazu verhält sich das Licht anders, so Kahan. Nehmen wir an, wir sitzen in einem stehenden Ufo, welches sein Licht anschaltet. Dann können wir „sehen“, dass sich das Photon mit einer Geschwindigkeit von 300.000 km/s von dem Ufo wegentfernt, das gleiche sehen wir, wenn wir neben dem Ufo stehen würden. Fliegt das Ufo mit einer Geschwindigkeit von 250.000 km/s am Himmel und wir beobachten es von einem ruhenden System aus während dieses sein Licht anschaltet, dann würden wir das Photon immer noch mit einer Geschwindigkeit von 300.000 km/s sehen und nicht mit einer Geschwindigkeit von 550.000 km/s. Das kommt einem merkwürdig vor, weil der Sachverhalt der gleiche ist, wie der geworfene Ball auf dem Zug und trotzdem verhält sich das Licht anders.[94]
Die Lichtgeschwindigkeit wirkt sich nicht nur seltsam auf die Geschwindigkeit aus, sondern auch auf die Zeit. Es wird auch gesagt, dass bewegte Uhren langsamer gehen, was auch Zeitdilatation genannt wird. Hawkings sagt, dass es somit keine absolute Zeit gibt, sondern jeder hätte seine eigene Zeit.[95]
Der Autor Kahan beschreibt, dass auch ein Photon eine gewisse Zeit für eine Strecke benötigt.
Von unserer Sonne bis zur Erde braucht ein Photon 8 Minuten, wir sehen unsere Sonne also immer so, wie sie vor 8 Minuten ausgesehen hat. Nehmen wir an, wir hätten ein Sonne-Erde-System, bei dem der Abstand zwischen Sonne und Erde 150.000.000 km beträgt und dieses würde sich mit einer Geschwindigkeit von 160.000 km/s bewegen. Wenn nun ein Photon von dieser Sonne zur Erde geschickt würde, würde es für denjenigen auf der Erde erst nach 9,5 Minuten ankommen, außer der Beobachter würde seine Uhr langsamer stellen. Jetzt nehmen wir an, dass Sonne-Erde-System bewegt sich mit einer Geschwindigkeit von 300.000 km/s, also Lichtgeschwindigkeit. Wenn nun ein Photon von der Sonne losgeschickt wird, scheint es für den Beobachter auf der Erde, als würde das Photon stehen bleiben. In diesem Falle könnte der Beobachter auf der Erde seine Uhr nur anhalten, da bei Lichtgeschwindigkeit die Zeit stehen bleibt![96] Es würde demnach unendlich lange dauern, bis das Photon an der Erde ankommt, weil das Photon die Geschwindigkeit des Sonne-Erde-Systems nicht überholen kann.
Aber warum gehen bewegte Uhren langsamer? Dies lässt sich mit der so genannten Lichtuhr begründen. Eine Lichtuhr besteht aus zwei gegenüberstehenden Spiegeln, zwischen denen ein Photon hin und her reflektiert wird, dadurch wird die Zeit gemessen. Jedes Mal, wenn das Photon auf einen Spiegel triff, wäre dies ein Tick oder Tack.

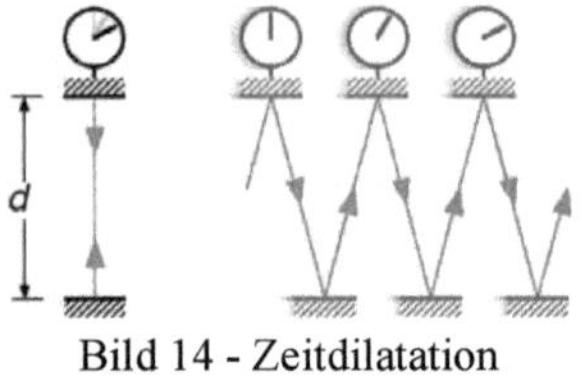

Bild 14 - Zeitdilatation

[94] vgl. Kahan 1987, S.65ff
[95] vgl. Hawkings 2017, S.17
[96] vgl. Kahan 1987, S.96ff

Nun wird die Lichtuhr in einem Rauschiff mit einer sehr hohen Geschwindigkeit v an der Erde vorbeibewegt, so der Kanal „TheSimplePhysics". Von der Erde aus betrachtet muss das Photon einen diagonalen Weg zum nächsten Spiegel zurücklegen, da sich die Lichtuhr bewegt. Ein diagonaler Weg ist zudem länger als ein gerader Weg, welchen das Photon zurücklegte, als die Lichtuhr sich nicht bewegte. Demnach ist die Zeit, welche die Lichtuhr anzeigt, langsamer. Dies wird mit der Formel $t = \frac{1}{\sqrt{1-\frac{v^2}{c^2}}}$ beschrieben, bei der c für die Lichtgeschwindigkeit steht und t für die Zeit. Hergeleitet wurde diese Formel von dem Satz des Pythagoras.[97]

Längenkontraktion

Die Länge bewegter Objekte scheint kürzer und wird auch kürzer gemessen. Um dies zu erklären, nehmen wir wieder das Sonne-Erde-System, bei welchem der Abstand zwischen Sonne und Erde 150.000.000 km beträgt, zur Veranschaulichung. Der Autor Kahan sagt, dass wenn wir von der Sonne ein Photon losschicken, kommt es nach 8 Minuten an der Erde an, wenn das System ruht. Bewegt sich das System mit einer Geschwindigkeit von 160.000 km/s muss der Abstand zwischen Erde und Sonne verkleinert werden, damit das Photon wieder nach 8 Minuten an der Erde ankommt. Diese Verkleinerung sieht jedoch nur der Betrachter außerhalb des Systems, derjenige der auf der Erde des Sonne-Erde-Systems steht, nimmt den Abstand immer noch als 150.000.000 km wahr. Von Außen beträgt der Abstand jedoch nur noch 127.000.000 km und dies kann mit einem Maßband nachgemessen werden, was zeigt, dass der Abstand nicht nur kürzer scheint, sondern auch wirklich kürzer gemessen werden kann. Das verrückte daran ist, dass das Maßband, mit welchem wir die Entfernung messen, selbst verkleinert ist. Diese Schrumpfung findet jedoch nur in der Bewegungsrichtung statt und nicht etwa rechtwinklig zur Bewegungsrichtung. Dabei rücken nicht nur die Moleküle enger aneinander, wie wenn das Maßband eingelaufen wäre, sondern auch die Atome selbst, aus welchen das Maßband besteht, ziehen sich in Bewegungsrichtung zusammen.
Jetzt nehmen wir an, das Sonne-Erde-System bewegt sich mit Lichtgeschwindigkeit durch unser Blickfeld. Für uns würde es so ausschauen, als würde der Abstand zwischen Sonne und Erde 0 km betragen, während derjenige auf der Erde des Sonne-Erde-Systems den Abstand als 150.000 km wahrnehmen würde.[98]

Masse

Energie ist gleich Masse. Zunächst ist es wichtig, dass Masse und Gewicht etwas Verschiedenes sind. „Das Gewicht eines Gegenstandes ist die Kraft, mit der die Schwerkraft auf ihn einwirkt".[99] „Die Masse eines Gegenstandes (bei einer bestimmten

---

[97] vgl. Giesecke, A., Nicolai, S. (2015): Zeitdilatation- Spezielle Relativitätstheorie 2. Online im Internet: https://www.youtube.com/watch?v=nLFJgqfjCA8 Stand 23.4.2018

[98] vgl. Kahan 1987, S. 77ff

[99] zit. Kahan 1987, S.113

Temperatur) ist unabhängig von seinem Ort dieselbe“.[100] Das heißt, dass wenn man sich beispielsweise auf einem Berg wiegt, dass das Gewicht etwas geringer ist als in einem Tal, da dort die Schwerkraft größer ist, so Kahan.
Der Unterscheid würde noch mehr zur Geltung kommen, würde man sich auf dem Mond wiegen, auf dem unser Gewicht nur ein Sechstel des Gewichtes auf der Erde ist. Die Masse hingegen, welche die Anzahl der Atome in einem Gegenstand beträgt, bleibt dieselbe, auch auf dem Mond.
Die Masse ist zudem abhängig von ihrer Trägheit, dass heißt der Widerstand. Damit ist gemeint, dass eine große sich bewegende Masse mehr Widerstand zeigt, als eine kleinere sich bewegende Masse. Die Kraft, welche auf die größere Masse einwirkt muss stärker sein, um den Weg dieser Masse umzulenken, als die Kraft, welche die kleinere Masse umzulenken versucht. Je größer die Masse, desto größer der Widerstand, oder größere Massen besitzen eine höhere Trägheit. Ebenso muss der Energieaufwand, um eine Masse zu beschleunigen, so groß wie die Masse sein, dieses Verhältnis schreibt Einstein in seiner berühmten Gleichung $\boldsymbol{E = mc^2}$ nieder.[101] Auch die Masse verändert sich mit hohen Geschwindigkeiten. Dabei gibt es zwei spezielle Fälle, einmal wenn die Geschwindigkeit 0 km/s beträgt und das andere Mal, wenn die Geschwindigkeit 300.000 km/s beträgt. Beim ersteren wird $v = 0$ in die Gleichung eingesetzt, die eigentlich wie folgt lautet: $E = \frac{mc^2}{\sqrt{1-\frac{v^2}{c^2}}}$, so „TheSimplePhysics“.

Wenn $v = 0$ dann $E = \frac{mc^2}{\sqrt{1-\frac{0}{c^2}}} = E = mc^2$, das heißt, dass wenn das Objekt ruht, anhand der Formel die so genannte Ruheenergie errechnet werden kann. Bei dem zweiten Fall hat das Objekt eine Geschwindigkeit, welche gegen die Lichtgeschwindigkeit geht. Also $v \to c$, wird dies in die Formel eingesetzt, dann $E = \frac{mc^2}{\sqrt{1-1}}$, weil v^2 durch c^2 gegen 1 geht. Das ergibt wieder rum $E = \frac{mc^2}{\sqrt{0}}$, die Wurzel von 0 geht auch gegen 0 und somit geht mc^2 der Geleichung gegen Unendlich. Das heißt, dass E = unendlich. Aus diesem Grund kann die Lichtgeschwindigkeit nicht erreicht werde, da dafür unendlich viel Energie benötigt wird und zugleich auch unendlich viel Masse![102]

Die allgemeine Relativitätstheorie

Die allgemeine Relativitätstheorie ist so gesehen eine Erweiterung der speziellen Relativitätstheorie. Dabei ging es Einstein vor allem darum, dass die Relativität beispielsweise auch auf Rotationsbewegungen und nicht nur Inertialsysteme angewendet werden kann. Um darauf näher einzugehen beginnen wir weiter vorne und zwar mit dem Gravitationsgesetzt von Isaac Newton.

Newtons Gravitationsgesetzt besagt, dass $F = G\frac{m_1 m_2}{r^2}$, wobei F für Kraft und G für die Newtonsche Gravitationskonstante steht, so Cox und Cohen.

---

100 zit. Kahan 1987, S.13f

101 vgl. Kahan 1987, S.112ff

102 vgl. Giesecke, A., Nicolai, S. (2015): E=m*c² – Spezielle Relativitätstheorie 4. Online im Internet: https://www.youtube.com/watch?v=U-ssl6jZxi4 Stand 23.4.2018

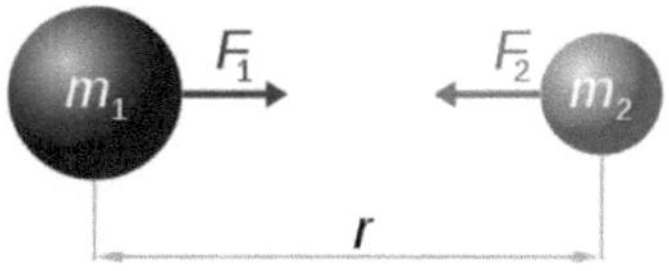

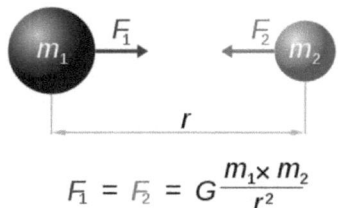

$$F_1 = F_2 = G\frac{m_1 \times m_2}{r^2}$$

Bild 15 – Newtons Gravitationsgesetzt

Mit dieser Formel lässt die Gravitationskraft von zwei Objekten berechnen, indem die beiden Massen multipliziert werden, dann durch das Quadrat ihres Abstandes geteilt werden und mit *G* multipliziert werden.[103]
Wie der Autor Hawkings beschreibt, dass das Gravitationsgesetzt sich nicht mit Einsteins spezieller Relativitätstheorie verträgt. Dabei war vor allem das Problem, dass nicht unterschieden werden konnte, ob man sich im freien Fall, also in der Beschleunigung, oder in der Schwerelosigkeit befindet, wenn die Augen geschlossen sind.
Das Problem ließ sich eben so gut auf die Geschichte von Newton und dem Apfel, welcher ihm auf den Kopf fiel „anwenden“. Einstein behauptet, dass der Apfel nicht etwa auf Grund der Gravitation beziehungsweise Schwerkraft auf Newtons Kopf fiel, sondern Newton mitsamt der Erdoberfläche sich aufwärts in Richtung Apfel bewegt, was allerdings nur gilt, wenn die Erde eine Scheibe wäre.[104] Damit behauptet Einstein zugleich, dass es so etwas wie Gravitation nicht gibt, jedoch wird sich dann gefragt, wie die Erde die Sonne umkreisen kann, so Cox und Cohen. Dieses Problem löste Einstein, indem er die Gravitationskraft durch die Geometrie der so genannten Raumzeit ersetzte. [105] Die Raumzeit beschreibt Einstein als die vierte Dimension, die wir Menschen jedoch nicht wahrnehmen können. Man kann sich die Raumzeit wie eine Art Gitter vorstellen, welches im gesamten Universum vorhanden ist. Durch die Gravitationskraft, die nach Einstein jedes Objekt im Universum hat, krümmt sich die Raumzeit, so Hawkings. So wird die Raumzeit an der Stelle besonders stark gekrümmt, an welcher ein sehr massereicher Planet ist, da dieser auch eine stärkere Gravitationskraft besitzt. Das kann sich vorgestellt werden wie ein Handtuch, auf dem ein Ball liegt und es deswegen an einem in der Mitte etwas nach unter geht.
Bild dazu
Zudem wird das Licht durch die verkrümmte Raumzeit umgelenkt. Dieses Phänomen konnte bei einer englischen Expedition im Jahre 1919 während einer Sonnenfinsternis in Westafrika nachgewiesen werden, da eine winzige Lichtablenkung in der Nähe der Sonne beobachtet wurde. Durch die gekrümmte Raumzeit bahnte sich jedoch ein neues Problem. Die Raumzeit wird auf Grund des hohen Aufkommens an Materie im All so stark gekrümmt, dass sich Körper aufeinander zubewegen. Einstein war darüber empört

---

103 vgl. Cohen, Cox 2017, S.22f

104 vgl. Hawkings 2017, S.24f

105 vgl. Cohen, Cox 2017, S.61

und fügte eine so genannte kosmologische Konstante in seine Gleichung ein, damit das Universum statisch ist und sich nicht ausdehnt oder zusammenzieht.[106] Schon kurze Zeit später betrachtete Einstein die kosmologische Konstante als eine seiner größten Eseleien, so Hawkings.[107]
Durch Einsteins Relativitätstheorie lässt sich voraussagen, dass das Universum und damit auch die Raumzeit einen Anfang gehabt haben muss, den Urknall, so Hawkings. Von dieser Singularität expandierte das Universum bis jetzt. Von da an gibt es verschiedene Theorien, einmal dass das Universum immer weiter expandiert oder das Universum fällt irgendwann in sich zusammen, da es sich wieder zusammen zieht und kollabiert zu einem Endknall.[108] Alles was vor dem Urknall geschah kann bis jetzt mit keiner Theorie besagt werden, da diese nicht mehr für ein System ohne Zeit und Raum gelten. Laut der Urknalltheorie von dem Physiker Lemaitre (1894-1966) zufolge geht das Universum aus einem punktförmigen Etwas hervor, welches unendlich viel Energie und demzufolge auch unendlich viel Masse besitzt und unendlich klein ist, so Marti.[109] Das heißt schon zu Beginn des Universums gab es Unendlichkeit, das Universum entstand so gesehen aus der Unendlichkeit.

Schwarze Löcher

Stephen Hawkings, der Gründer des Schwarzen Lochs wurde im Jahre 1942 geboren und starb im Jahre 2018. Hawkings studierte Physik, im Jahre 1962, erfuhr der Student, dass er an einer unheilbaren Motoneuronen-Erkrankung leidet und nur noch wenige Monate zum Leben hat, so Hawkings. Er ging an die Universität nach Cambridge und wurde dort bis zum Jahre 2009 Lucasischer Professor für Mathematik und Physik, dank seiner Arbeiten über Schwarze Löcher hatte er viel Freiheit. Auch wenn Hawkings nach seiner Diagnose nur noch wenige Wochen zu leben hatte, schaffte er es bis zum Jahre 2018 ein erfolgreiches Leben zu führen.[110]
Durch die Relativitätstheorie wurde die Bedeutung von Sternen mit großer Masse erneuert. Nun wurde darüber nachgedacht, was passieren wird, wenn ein Stern mit großer Masse sein Brennstoff ausgeht und dieser somit nicht mehr in seiner Balance ist, so Hawkings. Diese Balance zwischen Kernreaktion und damit frei gesetzte Hitze und Gravitation bleibt lange Zeit stabil.
Massereiche Sterne sind sehr viel heißer, weshalb diese auch mehr Brennstoff verbrauchen, um ihre Gravitationskraft auszugleichen. Wenn einem Stern nun der Brennstoff ausgeht, fängt er an sich abzukühlen und sich somit zusammenzuziehen. Dabei erreichen die meisten Sterne wiederum eine Balance zwischen der Gravitation und den sich zusammenziehenden Teilchen, welche eine so hohe Geschwindigkeit haben, dass sie sich wieder voneinander fortbewegen. Dies gilt jedoch nur für Sterne, dessen Masse unter dem so genannten Chandrasekharschen Grenzwert bleiben, sie erreichen einen Endzustand als Weißer Zwerg.

---

106 vgl. Hawkings 2017, S.29
107 vgl. Hawkings 2013, S.194
108 vgl. Hawkings 2013, S.151
109 vgl. Marti 2014, S.18f
110 vgl. Hawkings 2013, S.2

Bei den Sternen, dessen Masse über dem Grenzwert liegen, war der Prozess lange Zeit unerklärlich.[111] Mittlerweile wurde herausgefunden, dass ein solcher Stern ungefähr die zehnfache Masse der Sonne besitzen muss, so Hundsbichler. Wenn einem solch massereichen Stern der Brennstoff ausgeht, stürzt dieser in sich zusammen. Bei diesem Prozess wird das Gravitationsfeld an der Oberfläche immer stärker, so dass eine immer größere Fluchtgeschwindigkeit benötigt werden würde, um dem Stern zu entkommen. Bei so einem großen Stern hätte selbst das Licht keine Chance zu entkommen und da nach Einstein nichts schneller als das Licht ist, kann demnach gar nichts mehr entkommen. So ein Gebilde wird Schwarzes Loch genannt, eine Region der Raumzeit, in der es keine Möglichkeiten gibt, nach außen zu entweichen. Zudem besitzt ein Schwarzes Loch einen Ereignishorizont, an welchem das Entweichen nicht mehr möglich ist.[112] Laut „TheSimplePhysics" kann sich ein Schwarzes Loch auch als Krümmung in der Raumzeit vorgestellt werden, da der Stern so viel Masse besitzt, wird die Raumzeit so enorm gekrümmt, dass sie nach unten offen ist, wie eine Art Trichter.[113] Dieser Bereich des Schwarzen Loches wird auch Singularität genannt, da an diesem Punkt die Raumzeitkrümmung unendlich wird und somit auch die Zeit stehen bleibt, so Hawkings.[114]
Exakte Beobachtungen von Schwarzen Löchern wurden bis jetzt noch nicht gemacht, da es sehr schwer ist, diese zu entdecken, jedoch wurden bereits einige große Sterne entdeckt, bei welchen man darauf schließen kann, dass sie zu Schwarzen Löchern kollabierten. Wer also in ein Schwarzes Loch fällt, hat keine Zeit mehr, sie bleibt einfach stehen. Jedoch würde beispielsweise ein Astronaut, welcher in ein Schwarzes Loche hineinfällt, wie ein Spaghetti auseinandergezogen werden, da der Unterschied zwischen Schwerkraft und Gravitationskraft so groß ist, dadurch würde er das Ende der Zeit nicht mehr wahrnehmen können, so Hawkings.
Laut der Allgemeinen Relativitätstheorie gibt es verschiedene Lösungen, wie der Astronaut die nackte Singularität, die auch Raumzeitsingularität genannt wird und vom Menschen erblickt werden kann, erleben kann. Eine davon besagt, dass der Astronaut vor dem Zusammentreffen mit der Singularität in ein Wurmloch fällt und somit in einer anderen Region des Universums herauskommt, wo durch gleichzeitig möglich wäre, durch die Zeit zu reisen.[115]

Wurmlöcher und Zeitreisen

Der Autor Hawkings beschreibt, dass bei Wurmlöchern die Raumzeit so stark gekrümmt ist, dass eine Verbindung zwischen zwei Regionen im Universum hergestellt werden kann. Ein Wurmloch ist demnach ein schmaler Gang in der Raumzeit.[116] Hawkings beschreibt weiter, dass durch ein solches Wurmloch ein Raumschiff mit einer noch höheren Geschwindigkeit als Lichtgeschwindigkeit reisen könnte. Nachdem man

---

111 vgl. Hawkings 2013, S.109f

112 vgl. Hundsbichler, S.(2014): Vom Urknall zum Zerfall. Online im Internet: http://www.fundus.org/pdf.asp?ID=7537 Stand 6.5.2018

113 vgl. Giesecke, A. , Nicolai, S.(2014) : Schwarze Löcher- Einfach erklärt. Online im Internet: https://www.youtube.com/watch?v=OgvMCBLIz74 Stand 6.5.2018

114 vgl. Hawkings 2013, S.250

115 vgl. Hawkings 2013, S.119

116 vgl. Hawkings 2013, S.199

mit einem Wurmloch gereist ist, befindet man sich an einem völlig anderen Ort im Universum, somit wäre es zum Beispiel möglich, ans andere Ende der Milchstraße zu reisen, wofür ein Raumschiff sonst mehrere zehntausend Jahre benötigen würde. Mit einem Wurmloch würde dies problemlos geschehen und man wäre noch rechtzeitig zum Mittagessen zurück. Man könnte sogar zurück sein, bevor man gestartet ist. Was uns zu der Frage bringt, was passieren würde, wenn das Raumschiff, mit welchem man reisen würde, bevor es losfliegt, stoppen würden?
Das bringt uns zu dem Großvaterparadoxon und dem Zwillingsparadoxon. Ersteres beschreibt genau diesen Sachverhalt. Was würde passieren, wenn man in die Vergangenheit reist und seinen Großvater umbringen würde? Dann wären man in der Zukunft überhaupt nicht geboren werden. [117] Das Zwillingsparadox ist ähnlich verzwickt. Dieses beschreibt, dass von einem Zwillingspaar, der eine in ein Raumschiff steigt, um in der Zeit zu reisen, während der andere auf der Erde bleibt. Da der reisende Zwilling sich mit nahe zu Lichtgeschwindigkeit fortbewegt, geht nach der Relativitätstheorie seine Uhr langsamer, somit altert er auch langsamer. Der auf der Erde gebliebene Zwilling altert hingegen schneller. Wenn nun der in der Zeit gereiste Zwilling zur Erde zurückkommt, ist dieser viel jünger als der Zwilling, welcher auf der Erde geblieben ist.

Bild 16 - Zwillingsparadoxon

Eine weitere Variation dieses Paradoxons beschreibt, dass das Wurmloch theoretisch zur selben Zeit betreten und verlassen werden kann, so Hawkings.[118]
Einstein war entsetzt, als durch das Lösen der Gleichung der Relativitätstheorie herauskam, dass Zeitreisen möglich sind, denn Einstein selbst glaubte nicht an Zeitreisen oder ähnliches, so Hawkings.[119]

117 vgl. Hawkings 2017, S.119
118 vgl. Hawkings 2017, S.144
119 vgl. Hawkings 2013; S200

3.6 Inflationstheorie

„Dieser Raum, den wir für unendlich erklären(...) In ihm sind unendlich viele Welten von derselben Art wie unsere eigene.“ – Giordano Bruno, 1584 [120]

Schon in früherer Zeit wurde mit dem Gedanken gespielt, dass das Universum unendliche Größe besitze. Zudem gibt es ein Gedankenexperiment vom Stab Archytas von Tarent, das nach Neidhart wie folgt beschrieben werden kann: Archytas behauptet, dass wenn er am Fixsternhimmel angelangt ist, sich die Frage stellt, ob er seine Hand oder seinen Stab nach draußen strecken kann. Die Vorstellung, dass dies nicht möglich ist, findet Archytas absurd und somit muss es nach dem Fixsternhimmel noch weiter gehen. Dieser Gedanke wird noch ausgeweitet, indem sich vorgestellt wird, dass ein Pfeil gegen die angebliche Grenze der Welt geschossen wird, bleibt er stecken, war es offensichtlich wo die Grenze ist, bleibt er nicht stecken, wurde angenommen, dass jenseits der Grenze der leere Raum existiert.

Abbildung ist aus urheberrechtlichen Gründen nicht Teil dieser Arbeit.

Bild 17 - Holzstich- Wanderer am Weltrand

Der Kopernikaner Giordano Bruno (1548-1600) hatte noch eine Möglichkeit, für welche er später als Ketzer verbrannt wurde. Nach Bruno gibt es keine Fixsterne in endlicher Entfernung, sondern das sichtbare Universum ist unendlich, somit behauptete er auch, dass unendlich viele Sonnen und Erden, welche die Sonnen umkreisen existieren. [121]
Durch die Relativitätstheorie ergab sich, dass das Universum einen Anfang gehabt haben muss, den Urknall. Von diesem Ereignis an dehnte sich das Universum sehr schnell aus. Diese Expansion wurde im Jahre 1929 durch das Hubble Teleskop beobachtet, natürlich nicht direkt, so Cox und Cohen. Es wurde viel mehr beobachtet, dass sich alle Galaxien von uns wegbewegen würden und dazu kommt, dass die Geschwindigkeit dieser immer mehr zu nimmt, desto weiter sie sich von uns wegbewegen. Genau so wurde es von Einstein durch seine Relativitätstheorie vorhergesagt. Modernen Rechnungen stimmen mit diesen Beobachtungen überein, zudem kommt die Mikrowellenhintergrundstrahlung, welche im Jahr 1964 entdeckt wurde. Diese wird auch als das Nachleuchten des Urknalls beschrieben, welches immer noch bei einer Temperatur von 2,7 Grad über dem absoluten Nullpunkt liegt. Womit gezeigt wird, dass das Universum einem Anfang gehabt haben muss und des Weiteren, dass es sich ausdehnt.[122]

---

[120] zit. Cohen, Cox 2017, S.107

[121] vgl. Dr. Neidhart, L. (2012) : Weltbilder und naturwissenschaftliche Weltentstehungstheorien. Online im Internet: https://www.philso.uni-augsburg.de/institute/philosophie/Personen/Lehrbeauftragte/neidhart/Downloads/Weltentstehungstheorien.pdf Stand 9.5.2018

[122] vgl. Cohen, Cox 2017, S.74f

Diese Expansion wird in der so genannten Inflationstheorie festgehalten. Dabei geht es insbesondere um die schnelle Ausdehnung des Universums, mit Überlichtgeschwindigkeit, so die Autoren Hawkings, Cox und Cohen.[123]
Letztere Autoren beschrieben weiter, dass diese rasante Ausdehnung beim Urknall stattgefunden haben muss. Es wird nach der Quantentheorie vermutet, dass das Universum auf Grund eines so genannten Skalarfeldes expandierte. Die Existenz solcher Felder wurde durch Messungen bewiesen. Durch Skalarfelder kann der Raum exponentiell schnell expandieren, was jedoch voraussetzt, dass es davor die Raumzeit schon gegeben haben muss. Bei dieser Expansion dehnt sich die Raumzeit mit Überlichtgeschwindigkeit aus, wobei jetzt eingewendet werden könnte, dass sich nach Einstein nichts schneller als das Licht fortbewegen kann. Jedoch gilt dies nur für Teilchen in der Raumzeit und nicht für die Raumzeit selbst. Ein weiteres Phänomen, welches durch die Inflation geschieht ist, dass sich das Universum so sehr ausdehnt, dass jegliche Krümmung verschwindet und das Universum somit flach aussieht. Jedoch ist dies nur eine Täuschung, denn das Universum verhält sich wie ein Ballon, welcher einen Radius von einem Lichtjahr besitzt, wenn wir uns nun ein quadratzentimetergroßes Stück anschauen, werden wir vergeblich nach einer Krümmung suchen.[124] Mittlerweile dehnt sich das Universum nicht mehr aus, da die Beschleunigung von der Gravitation gebremst wurde, so Hawkings.[125]
Die Autoren Cox und Cohen beschreiben, dass es neben der normalen Inflationstheorie, welche ich soeben beschrieben habe, noch eine erweiterte Theorie gibt, die ewige Inflation. Nach dieser Theorie ist unser Universum eigentlich ein Multiversum, da diese Theorie besagt, dass immer wieder Bereiche in unserem Universum existieren, in denen die exponentielle Expansion fortgesetzt wird. Da diese in manchen Regionen des Universums besteht, gibt es auch immer wieder Urknalle durch welche neue Universen im Universum entstehen. Diese Urknalle entstehen dadurch, dass bei der Inflation die Expansion ab einen bestimmten Zeitpunkt abnimmt. Das Energielevel, welches in der Region der Expansion immer auf demselben Niveau bleibt, sinkt allmählich und dadurch endet die Inflation. Bevor die Inflation komplett stoppt, schwingt das Skalarfeld aus und entleert dabei die Energie in Form von Teilchen. Durch diesen Verfall des Skalarfeldes wird eine heiße dichte Suppe erzeugt, die wir als Urknall bezeichnen.[126] Laut der ewigen Inflationstheorie spielen sich solche Szenarien in vielen Regionen unseres Universums ab.

---

123 vgl. Hawkings 2013, S. 250

124 vgl. Cohen, Cox 2017, S246

125 vgl. Hawkings 2013, S.169

126 vgl. Cohen, Cox 2017, S.248f

3.7 Vielweltentheorie

Die Vielweltentheorie ist ähnlich zu der ewigen Inflationstheorie. Es handelt sich bei ersterer um eine Interpretation der Quantenphysik, die jedoch nicht von der Mehrheit der Physiker geteilt wird, da die Folge ist, dass zur selben Zeit neben unserer Realität noch viele weitere, vielleicht unendlich viele Paralleluniversen existieren, von denen wir jedoch abgeschnitten sind, so Gribbin. Diese Interpretation stammt von dem Physiker Hugh Everett (1930-1982), der in den 50er Jahren an der Princeton University promovierte. Everett empfand die Behauptung, dass Wellenfunktionen kollabieren, sobald sie beobachtet werden. Demnach müsste nämlich die Wellenfunktion immer wieder kollabieren, sobald ein Experiment gemacht wird, von welchen ich ihnen die Ergebnisse mitteile und sie wiederrum ihrem Freund diese mitteilen und dieser wieder einem Freund und so weiter. Dabei überlappen sich die Realitäten zunehmend. Everett versuchte dieses Problem zu lösen, indem er sagte, dass die alternativen Realitäten nicht kollabieren, sondern eine messbare Interferenz durch die Wechselwirkung auf der Quantenebene entsteht. Dadurch dass wir nun ein Experiment beobachten und eine Möglichkeit als Ergebnis passiert, welche wir als reale Welt wahrnehmen, werden die Bande der alternativen Realität, welche diese zudem zusammenhalten, durchtrennt und die anderen Realitäten schlagen ihren eigenen Weg im so genannten Hyperraum (und in der Hyperzeit) ein.

Darüber hinaus hat jede alternative Realität ihren eigenen Beobachter, welcher in dem Glauben ist, dass durch seine Beobachtung die Wellenfunktion zur einzigen Quantenmöglichkeit kollabiert. Am besten lässt sich dies an dem Gedankenexperiment „Schrödingers Katze“ veranschaulichen. Bei diesem Experiment ist die Katze tot und lebendig zur selben Zeit, jedoch werden wir ihren Zustand erst erfahren, wenn wir die Kiste öffnen. Nach der Vielweltentheorie gibt es eine tote und eine lebendige Katze, welche sich einfach nur in verschiedenen Welten befinden.

Die Welt hat sich somit in zwei verschiedene Versionen aufgeteilt, welche sich nur durch den Zustand der Katze unterscheiden. Sobald die Kiste geöffnet wird, wird eine dieser beiden Versionen für den Beobachter Realität.[127] Der Autor Gribbin fährt fort, dass wenn über diese Theorie nachgedacht wird, schnell der Entschluss kommt, dass dadurch, dass sich jede Möglichkeit in eine enorme Zahl von Zweigen spaltet, somit Myriaden von Kopien unserer Selbst und unserer Welt existieren, jedoch können wir immer nur einen Zweig erfahren. Dadurch dass sich diese Versionen auch wieder aufspalten, ergibt dies einen Baum mit unendlich vielen Spaltungen.

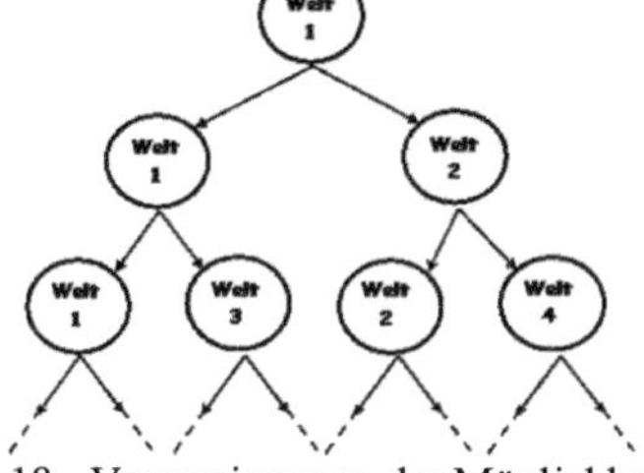

Bild 18 - Verzweigungen der Möglichkeiten

---
127 vgl. Gribbin 2016, S.251f

Zudem wird es möglich, dass unmögliche Dinge ebenso existieren, wir diese jedoch nicht in unserer Realität wahrnehmen können und sie demnach nie passieren werden. Beispielsweise Schweine ohne Flügel, die aber trotzdem fliegen können.[128] Unsere Vergangenheit ist gut nachvollziehbar, wo hingegen unsere Zukunft viele Wege, oder Zweige offenlässt, so Gribbin.
Wir haben so viele verschiedene Möglichkeiten unsere Zukunft zu gehen, nahe zu unendlich viele Möglichkeiten und es wird immer wieder eine Möglichkeit für uns Realität. Dadurch kommt eine bedeutsame Frage zum Vorschein, welche wir uns sehr wahrscheinlich bereits vor der Bekanntschaft der Vielweltentheorie gefragt haben. Warum genau diese Realität? Warum ist es dieser Weg, welcher zur Folge hatte, dass intelligentes Leben existiert?
Durch das so genannte anthropische Prinzip kann diese Frage beantwortet werden.[129] Der Autor Hawkings beschreibt, dass die Hauptaussage dieses Prinzips folgende sei: „Wir sehen das Universum, wie es ist, weil wir existieren"[130] Grundsätzlich lässt sich das anthropische Prinzip in zwei Versionen aufteilen, in das schwache und das starke Prinzip. In diesem Falle ist das schwache Prinzip für uns hilfreicher als das starke, zudem das starke anthropische Prinzip sehr starke Kritiken hat, da es zusammengefasst aussagt, dass das ganze Universum nur unseres Willens existiert.
Die Antworten auf die oben gestellten Fragen lauten nach dem anthropischen Prinzip, dass ein intelligentes Wesen ausschließlich in einer räumlichen und zeitlichen Region mit bestimmten Bedingungen leben kann, weshalb unsere Umwelt auch so gut auf uns abgestimmt ist. Hawkings vergleicht dies mit einem reichen Menschen, welcher keine Armut sieht, da er in einem wohlhabenden Viertel wohnt.[131]
Das bedeutet, dass wir nur durch eine winzige Änderung in der Vergangenheit heute nicht existieren würden. Oder anders gesagt, wäre in der Entwicklung des Universums nur an einer kleinen Stelle ein anderer Zweig der unendlich vielen Zweige gewählt worden, wären nicht die Bedingungen für intelligentes Leben nicht geschaffen worden.

3.8 Zusammenfassung

In der Physik ist die Unendlichkeit nicht immer eindeutig zu erkennen, wie beispielsweise in der Mathematik. Trotzdem kann die Physik in diesem Themenbereich viel bieten und zwar vom unendlichen Kleinen bis hin zum unendlich Großen. Zusammenfassend kann gesagt werde, dass es viele Dinge in der Physik gibt, die nicht immer direkt logisch erscheinen, denn wie kann eine Katze gleichzeitig tot und lebendig sein? Oder wie kann eine Uhr langsamer gehen, wenn sie sich bewegt? Diese und andere Sachverhalte scheinen abstrus zu sein, doch durch genaueres Hinschauen, ergeben sie sich als logisch. Ähnlich verhält es sich mit Schwarzen Löchern oder mit dem Urknall. Nach letzterem sind wir aus der Unendlichkeit, der Singularität entstanden, was wohl ein klarer Beweis ist, dass die Unendlichkeit in der Physik eine wichtige Rolle spielt. Durch die Physik ist es möglich zu erkennen, dass das Universum

---

[128] vgl. Gribbin 2016, S.259

[129] vgl. Gribbin 2016,S.265f

[130] zit. Hawkings 2016, S.161

[131] vgl. Hawkings 2013, S.162

und somit auch wir, laut der Urknalltheorie, aus der Unendlichkeit entstanden, aus dem unendlich Kleinen.
Durch Schwarze Löcher wäre es theoretisch möglich, zur Singularität zurück zu kehren. Dazu kommt, dass wir durch die verkrümmte Raumzeit sogar eines Tages Zeitreisen in Anspruch nehmen können, wenn das Zwillingsparadox von Einstein nicht wäre. Die Unendlichkeit in der Physik ist demnach eher räumlich, sie umgibt uns und war zudem unser Anfang.

6 Unendlichkeit in Relation zum Menschen

6.1 Überblick

In den folgenden Kapiteln werde ich die Unendlichkeit dem Menschen nahebringen. Zunächst im Sinne der Zeit und inwiefern die Zeit und die Ewigkeit zusammenhängen. Dazu gehört auch der Aspekt der Vielfalt der Zeit. Darauf folgt die Auseinandersetzung mit der Seele und ob diese unsterblich ist und was dies für eine Bedeutung für uns Menschen hat. Weiter geht es dann mit der Unendlichkeit im endlichen Leben und inwiefern wir die Unendlichkeit vielleicht nur unbewusst wahrnehmen. Das menschliche Dasein ist das Thema und vor allem dessen Besonderheit. Zusätzlich wird auch die Frage behandelt, ob es noch außerirdisches Dasein gibt und wie hoch die Wahrscheinlichkeit ist. Zum Schluss widme ich mich der Relation und den Größenverhältnissen zwischen Mensch und Universum. Dabei wird auch die Intention dieser Jahresarbeit deutlich.

6.2 Zeit und Unendlichkeit

„Zeit ist wie Ewigkeit und Ewigkeit wie Zeit, so du nur selber nicht machst einen Unterschied"-Angelus Silesius (1624-1677)[132]

Die meisten Menschen beschäftigen sich in ihrem Leben mit der Frage, was Zeit ist, wann sie begonnen hat und wo sie uns hinführt.
Ist die Zeit unendlich? Wenn dies der Fall wäre, dürfte der Zeitpfeil auch keinen Anfang gehabt haben. Dies kann angenommen werden, wenn nicht an den Urknall geglaubt wird. Laut diesem entspringt Raum und Zeit, oder nach Einstein die Raumzeit aus der Singularität des Urknalls. Vor diesem existierte keine Zeit oder Raum, erst zum Zeitpunkt des Urknalls entstanden diese, welche auch Weltraumzeit genannt wird.
Die Zeit lässt sich in drei Teile aufteilen, die Vergangenheit, die Gegenwart und die Zukunft, durch welche uns Veränderungen wie Bewegung erscheinen. Dadurch werden Dinge, die entlang des Zeitstrahls unverändert bleiben, als ewig bezeichnet, so die Internetseite „unendliches.net"[133]
Die Vergangenheit ist jene, welche Möglichkeiten zu Fakten verwandelt und auf die wir keinen Einfluss mehr haben, sobald etwas zur Vergangenheit wird. Trotzdem ist es der Zeitabschnitt, mit dem wir uns in unserem Leben wohl am meisten beschäftigen und den wir versuchen zu analysieren um die Zukunft durch die Gegenwart zu einer besseren Vergangenheit zu gestalten. Zudem ist es für uns möglich Dinge aus der Vergangenheit noch heute zu erfahren. Ein Beispiel wäre die im physikalischen Teil bereits erwähnte Mikrowellenhintergrundstrahlung, welche ein Nachleuchten des Urknalls ist, die wir messen können, also ein Nachleuchten der Vergangenheit. Doch nicht nur die Hintergrundstrahlung in unserem Universum gibt uns Einblicke in die Vergangenheit, sondern überall wo wir nur hinschauen, sehen wir Vergangenheit. Der Grund dafür ist, dass im Kosmos jegliche Sterne und Galaxien mehrere Millionen Lichtjahre von uns entfernt sind und deshalb auch mehr Zeit brauchen, bis wir die Ereignisse sehen können. Die Sonne beispielsweise sehen wir immer so, wie sie vor

---

[132] zit. Marti 2017, S.62

[133] vgl. Lotter, J. (2015): Zeit. Online im Internet: http://unendliches.net/ Stand 12.5.2018

acht Minuten ausgesehen hat, da ein Photon acht Minuten braucht, bis es auf der Erde angekommen ist. Dies kann auch anders herum geschehen, wenn Außerirdische von einem fernen Planeten durch ein Teleskop auf unsere Erde schauen würden, würden sie wahrscheinlich noch Dinosaurier beobachten können, je nach Entfernung.
Die Vergangenheit ist nicht ewig, da die Zeit einen Anfang gehabt hat. Das bedeutet, auch wenn die Zeit unendlich ist, wird es nie eine ewige Vergangenheit geben, wenn die Zeit einen Anfang hat. Wenn nicht, dann kann auch die Vergangenheit ewig sein.
Die Gegenwart hingegen ist ewig und zudem auch der einzige Zeitabschnitt, in dem das Sein möglich ist. Laut Safranski ist die Gegenwart von zwei Arten des Nicht-Seins umschlossen: der Vergangenheit, dem Nicht-Mehr-Sein und der Zukunft, dem Noch-Nicht-Sein.[134] Wenn die Gegenwart aus deterministischer Sicht betrachtet wird, ist die Zukunft die erweiterte Gegenwart, da nach dieser Ansicht die Zukunft mehr oder weniger kausal vorbestimmt ist. Dadurch wird der Zukunft jegliche Freiheit entraubt. Jedoch ist die Behauptung, dass die Gegenwart ewig ist, nicht davon beeinträchtigt. Das paradoxe an der Gegenwart ist wohl, dass das Verstreichen der Zeit nur funktioniert, weil es immer eine Gegenwart gibt, welche wir erleben, eine Gegenwart die stetig ist. So lange wir leben, ist die Gegenwart permanent und sie wird nicht aufhören permanent zu sein, worauf man schließen kann, dass die Gegenwart somit ewig ist, denn sie hört nie auf da zu sein, so Safranski. Zudem gibt es die Zukunft und die Vergangenheit nur als Vergegenwärtigte. Nur durch das Fenster der Gegenwart wird es für uns möglich, in die Vergangenheit zurück zu schauen und in die Zukunft zu „schauen", so Safranski.[135]
Die Zukunft wird von der Gegenwart bestimmt und ist in diesem Sinne für immer. Eine Zukunft wird es immer geben, so lange wir leben. Jedoch gilt dies nur für intelligente Wesen wie den Menschen, da wir Lebewesen sind, welche die Zeit zeitigen. Nach dem Autor Safranski, können wir die Zeit als Dimension wahrnehmen, weil wir zeitbewusste Beobachter sind. Ein Stein beispielsweise lebt in der Zeit ohne diese zu zeitigen, wozu ein Mensch die Fähigkeit besitzt. [136] Allerdings ist die Zeit wiederrum eine rein menschliche Sache, nur wir sind es, die dem Universum ein Alter geben, oder die sagen wie lange ein Lichtjahr ist. Ein Photon zum Beispiel hat kein Zeitgefühl, es nimmt ununterbrochen den Weg von der Sonne bis zur Erde auf sich und für das Photon macht dies keinen zeitlichen Unterschied. Es könnte quasi überall zugleich existieren, denn das Photon könnte die Ereignisse nicht zeitlich differenzieren.
Wir Menschen erleben die Zeit, indem wir sie zudem beeinflussen und mitbestimmen. Doch nicht nur dadurch erleben wir die Zeit. Vielmehr geschieht es durch unser Dasein. Der Autor Safranski beschreibt das, was wir als Zeit erleben, eine intentionale Spannung ist, welche sich auf ein Noch-nicht oder Nicht-mehr richtet. Das bedeutet, dass wir in unserem Leben stets auf etwas aus sind, im Raum und in der Zeit.[137] Zudem scheint es uns immer, als hätten wir zu wenig Zeit, als wäre die Zeit zu knapp. Jedoch ist dies nicht richtig, da die Zeit doch eigentlich unendlich weiter verläuft, aber auch nur für uns Menschen. Denn wir sind es die den verschiedenen Zeiten Bedeutung gegeben haben. Wir haben beispielsweise die Jahreszeiten benannt oder die Atomuhr entdeckt.

---

134 vgl. Safranski 2017, S.135

135 vgl. Safranski 2017, S.228f

136 vgl. Safranski 2017, S.138f

137 vgl. Safranski 2017, S.64

Wahrscheinlich brauchen wir die Zeit in unserem Leben, weil dieses nur zeitlich begrenzt ist.
Safranski beschreibt, dass Leibniz bereits Ansätze für das Zeitverständnis der Relativitätstheorie machte. Nach Leibniz gibt es keine Zeit, wo keine Ereignisse sind, die Uhren sind nach ihm also dafür zuständig mit Hilfe von regelmäßigen Ereignissen, wie Pendel oder Uhrzeiger, weniger regelmäßige Ereignisse zu messen. Für Leibniz waren Ereignisse nicht von der Zeit zu trennen, viel mehr definierte er die Zeit als eine Eigenschaft der Ereignisse.[138]
Durch die spezielle Relativitätstheorie wurde der Begriff „Eigenzeit“ populär, dass heißt, dass jeder seine eigene Zeit besitzt. Wichtig wird dies, wenn es um Zeitdilatation geht, also dass bewegte Uhren langsamer gehen. Somit geht die Uhr von Person A etwas langsamer, wenn diese mit einem Zug fährt, wo hingegen die Uhr von Person B, welche in Ruhe ist, etwas schneller geht. Die Folge ist, dass Person A langsamer altert, jedoch ist der Unterschied so gering, dass wir ihn nicht wahrnehmen können, deshalb würde es sich auch nicht wirklich lohnen sein ganzes Leben in einem bewegenden Fahrzeug zu verbringen, um dadurch länger leben zu können.
Eine spannende Frage ist, warum die Zeit in eine Richtung verläuft, also von der Vergangenheit zur Zukunft? Diese Frage kann anhand des zweiten Hauptsatzes der Thermodynamik beantwortet werden, für welchen ein Zeitpfeil nötig ist. Er besagt, dass in einem geschlossenen System die Tendenz zu Unordnung immer am wahrscheinlichsten ist. Dabei wird die Zunahme der Auflösung der Ordnung als Entropie bezeichnet, so Safranski.[139] Zum Beispiel ist ein Kartenspiel anfangs geordnet. Wenn es gemischt wird ist die Wahrscheinlichkeit sehr gering, dass die Karten sich wieder in die richtige Reihenfolge begeben. Auf Grund der zunehmenden Entropie muss der Zeitpfeil in eine Richtung verlaufen, denn ein Glas, welches herunterfällt und deswegen in tausende Scherben zerspringt, wird sich nicht wieder von allein zusammensetzen.
Was ist nun die Ewigkeit? Und was bedeutet es, wenn wir sagen für immer und ewig?
Ewigkeit wird zwar als die zeitliche Unendlichkeit dargestellt, doch ist Ewigkeit nicht viel mehr? Ewigkeit ist mehr als endlos verlängerte Zeit, der Philosoph Platon sah dies genau so, so Safranski. Platon war einer der ersten Philosophen, welcher sich intensiv mit der Ewigkeit und vor allem unterschiedlichen Zeitvorstellungen befasste.
Das Ewige, griechisch „aion“ ist nach Platon ein Urbild von der Zeit, welche davon nur ein Abbild darstellt.[140] Das bedeutet, dass wenn wir von der Ewigkeit sprechen, wir eigentlich über viel mehr als nur die Zeit sprechen, wenn auch unbewusst. Das Ewige ist somit etwas Höheres als die Zeit, möglicherweise eine höhere Dimension, die wir jedoch nicht wahrnehmen können und sie deswegen auf die Zeit beziehen. Die Ewigkeit werden wir als Mensch demnach wohl nicht erfahren können, wo hingegen wir aber die Zeit erfahren können, da sie ja auch mehr oder weniger durch uns entstand. Dies würde allerdings auch bedeuten, dass mit der Zeit auch die Ewigkeit entstand, welche wir jedoch nicht erfahren können, damit haben wir uns sozusagen selbst ausgetrickst!

---

138 vgl. Safranski 2017, S.162f

139 vgl. Safranski 2017, S.158

140 vgl. Safranski 2017, S.226

6.3 Unendliche Seele

Unsterblichkeit ist auch eine Form von Unendlichkeit. Allerdings wissen wir, dass der Körper nicht unsterblich ist und irgendwann enden wird zu leben, wenn in unserem Körper eine Seele wohnt, wäre das eine Möglichkeit zu Unsterblichkeit. Wenn an eine Seele geglaubt wird, kann der Glaube zur Unsterblichkeit nicht weit entfernt sein. Die Ewigkeit vom Menschen ist demnach in der Seele verkörpert.
In der Philosophie wird von dem Leib/Seele-Dualismus gesprochen, welcher beschreibt, dass die Seele vom Körper getrennt ist, aber dennoch als eine belebende und durchwirkende Kraft auf den Körper einwirkt, so Safranski. Nach dem Philosophen Sokrates ist die Seele mehr als Stimmung und Gefühl, er beschreibt sie als das Lebensprinzip des Geistes. Für ihn steht der Geist im Spannungsverhältnis zur körperlichen Wirklichkeit zudem kann sich der Geist von dem Werden und Vergehen ein Stück weit lösen. Er ist somit zeitlos, obwohl er in der Zeit existiert. Platon behauptet noch dazu, dass der Geist und damit auch die Seele, die körperliche Wirklichkeit und vor allem den Tod überschreiten kann. Die Seele ist nicht vergänglich, wie etwa der menschliche Körper.[141]
Nach dem Platonismus gibt es also eine Seele, welche die Eigenschaft besitzt unsterblich zu sein, indem sie wiedergeboren wird. Zu der Wiedergeburt, oder Reinkarnation werde ich später kommen, zunächst möchte ich auf eine Philosophie Platons eingehen und zwar das Konzept der Ideenlehre. Diese besagt, dass es jenseits unserer sinnlich erfahrbaren Welt eine Ideenwelt existiert, in welcher die unveränderlichen und ewigen Ideen wohnen. Diese Ideen sind das Urbild und gleichzeitig das Ideal zu jedem auf der Welt existierenden Begriff und somit auch Objekt. Das bedeutet, dass alles was es in der unsrigen Sinnenwelt gibt, ist nur ein Abbild des Ideals, beispielsweise werden wir nie einen idealen Kreis zeichnen können, auch wenn wir uns auch noch so anstrengen, der Kreis wird nie ein perfekter vollkommender Kreis werden, da das Ideal des Kreises nur in der Ideenwelt existiert. Mit diesem Konzept eröffnete Platon die Tür zum metaphysischen Denken. Die höchste aller Ideen ist die Idee des Guten, Wahren und Schönen. Im Zuge der Ideenlehre kann sich natürlich gefragt werden, was die Idee der Seele ist, oder die Idee der Unendlichkeit?
Zu der Ideenwelt hat nur allein die ewige Seele Zugang, welche zugleich dem Menschen die Dinge als unvollkommenem Abbild der Ideen lehrt. Durch die Seele hat der Mensch in der Sinnenwelt, welche zudem vergänglich ist, einen indirekten Zugang zur Ideenwelt. Diese Philosophie der Ideenlehre kommt dem Konzept der Reinkarnation sehr nahe, da Platon für dieses Szenario eine unsterbliche Seele voraussetzt, welche immer wieder in einem anderen Körper wiedergeboren wird. Zwischen Tod und Wiedergeburt kommt die Seele in die Ideenwelt, um sich dann mit einem neuen Körper zu verbinden.
Die Reinkarnation ist ein Bestandteil mancher Religionen, wie Hinduismus, Buddhismus, oder Richtungen der modernen Esoterik. Sie beschreibt, wie bei der Ideenlehre, dass die Seele im ewigen Kreislauf in einem neuen Körper wiedergeboren wird, sobald der vorige Körper stirbt. Dabei kann es zudem passieren, dass die Seele während ihres Lebens im Körper befleckt werden kann. Um in das Heilziel, indisch

[141] vgl. Safranski 2017, S.239f

Nirwana und griechisch Elysium zu gelangen, um somit auch aus dem Reinkarnationskreislauf auszusteigen, wird eine unwürdige Seele nach altindischer Tradition in einem unwürdigen Körper wiedergeboren, um die Verschmutzung, indisch Karma, abzubüßen, so Safranski.[142] Die unsterbliche Seele wird somit in die höhere Unsterblichkeit, oder Unendlichkeit gelangen, indem sie rein wird.

Abbildung ist aus urheberrechtlichen Gründen nicht Teil dieser Arbeit.

Bild 19 - Das Buddhistische Lebensrad

142 vgl. Safranski 2017, S.241

6.4.Unendlichkeit im endlichen Leben

Unendlichkeit begegnet uns in vielen Situationen unseres Lebens, manchmal zudem unbewusst. Was ist es beispielsweise was wir meinen, wenn wir Sätze wie „für immer und ewig" sagen? Können wir die Unendlichkeit überhaupt gedanklich erfassen? Die Unendlichkeit lässt sich anhand von einem Kreis, oder der liegenden Acht sehr gut vorstellen, auch mit den Zahlen, welche unendlich sind, können wir sehr einfach umgehen. In unserem endlichen Leben hantieren wir nicht selten mit unendlichen Dingen, ohne dass es uns bewusst ist. Jedoch die Unendlichkeit erfahren, ist vielleicht schwieriger. Wie könnten wir die Unendlichkeit erfahren? In religiöser Hinsicht spielt die Unendlichkeit eine Rolle. Beispielsweise ist Gott, gleichzeitig der Allmächtige und Allwissende, was bedeutet, dass für Gott sogar das Unbegrenzte auf unbeschreibliche Weise begrenzt ist. „Der Kirchenvater Augustinus definiert Gott als Wesen mit der Fähigkeit, das Unendliche zu erkennen"[143]
Nicht nur im Christentum ist die Unendlichkeit sehr bedeutsam, ebenso im Buddhismus und Hinduismus, wie im vorherigen Kapitel schon angedeutet wurde. Durch den Glauben an eine unsterbliche Seele, welche den Kreislauf der Reinkarnation durchläuft, ist die Unendlichkeit nicht weg zu denken. Im Islam wird ewige Freude auf diejenigen warten, die nicht in die Hölle müssen.
Oft wird die Unendlichkeit mit der Liebe erklärt. Die Liebe ohne Grenzen. Sind wir Menschen fähig endlose Liebe zu geben? Auf jeden Fall. Der Mensch kann bedingungslos Liebe geben, welche keine Forderungen stellt und somit auch unendlich sein kann. Die Liebe ist zudem auch ein Gefühl, welches mit Göttern verbunden ist, da diese ebenso jeden grenzenlos lieben. Damit ist die Liebe auch eine der mächtigsten Gefühle, welche wir hervorbringen können.

Gedanken

„Gedanken sind nicht nur frei, sondern sogar unendlich."[144]
Wie kann aber unser endliches Gehirn unendlich viele Gedanken hervorbringen? Selbstverständlich ist dies schwer vorstellbar, es geht bei diesem Satz vielmehr darum, dass unendlich viele Gedanken vorstellbar sind, welche potentiell gedacht werden können, so „Unendliches.net". Der Mathematiker Richard Dedekind bewies dies, indem er behauptete, dass die Gesamtheit *S* aller denkbaren Dinge unendlich ist. An einem Beispiel lässt es sich am besten erklären. Nehmen wir an, dass jemand den Gedanken s hat, welcher lautet, „Ich hätte jetzt Lust auf ein Bier". Dadurch dass dieser Satz gedacht wird, entsteht ein neuer Gedanke s', bei welchem derjenige daran denkt, dass er den Gedanken „Ich hätte jetzt Lust auf ein Bier" denkt.

---

143 zit. Lotter, J.(2015): Gott. Online im Internet: Lotter, J. (2015): Zeit. Online im Internet: http://unendliches.net/ Stand 15.2018

144 zit. Lotter, J.(2015): Gedanken. Online im Internet: http://unendliches.net/ Stand 15.2018

Sobald derjenige daran denkt, produziert er wieder einen neuen Gedanken, den Gedanken an den Gedanken an „Ich hätte jetzt gerne ein Bier", welcher dann s" wäre. Somit ist der Geist des Denkers mit diesen drei Gedanken s, s' und s" erfüllt.

Somit kann eine unendliche Folge von Gedanken produziert werden, womit die Menge der potentiellen Gedanken unendlich ist.[145]

Droste-Effekt

Der Droste-Effekt stellt eine unendliche graphische Rekursion da, welche auch sprachlich machbar ist, so „Unendliches.net". Eine Rekursion ist ein Selbstbezug, also demnach ein Objekt, das indirekt oder direkt auf sich selbst verweist. Die holländische Schokoladenmarke Droste zeigt diesen Effekt auf ihren Kakaopackungen, wonach er zudem benannt wurde.

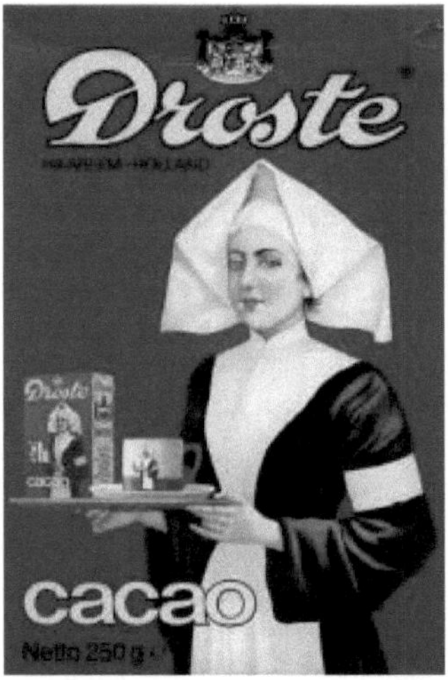

[145] vgl. Lotter, J.(2015): Gedanke. Online im Internet: http://unendliches.net/ Stand 15.2018

Bild.20 - Droste-Effekt

Auf dem Bild ist eine Krankenschwester zu sehen, welche ein Kakaopulver mit dem Bild einer Krankenschwester trägt, welche ein Kakaopulver mit dem Bild einer Krankenschwester trägt, und so weiter. Somit geht dies unendlich so weiter, jedoch ist es drucktechnisch nicht bis in die Unendlichkeit machbar. Jedoch kann der gleiche Effekt auch ohne Verkleinerung gelingen und zwar durch Verzerrung des Raumes. Der Künstler M.C. Escher zeigte dies, indem er eine endlose Spirale kreierte.[146]

Bild 23 - Escher, Bildergalerie 1956

[146] vgl. Lotter, J.(2015): Rekursion. Online im Internet: http://unendliches.net/ Stand 15.2018

6.5 Der Besonderheit des Daseins

„Vom ersten Auge das sich öffnete und habe es einem Insekt gehört, bleibt das Dasein der ganzen Welt abhängig." [147] –Arthur Schopenhauer

Das Dasein, ob nun vom Menschen oder Tier ist bewundernswert. Wenn in der Geschichte der Entstehung des Universums nur eine kleine Änderung gewesen wäre, wären wir heute sehr wahrscheinlich nicht am Leben. Die Sonne hat beispielsweise den perfekten Abstand zur Erde, sodass unser Leben möglich ist, wo hingegen sie im All ein durchschnittlicher Stern am Rand einer unbedeutenden Galaxie ist. Ein weiteres Phänomen ist die Habitable Zone in welcher unsere Erde ist, so Cox Cohen. Diese Zone ist abhängig von der Größe und Temperatur des Zentralsterns, in unserem Falle von der Sonne. Sie stellt den Bereich da, in welchem ein Planet den perfekten Abstand von der Sonne hat, so dass das Wasser nicht friert oder verdunstet, sondern im flüssigen Zustand ist. Unsere Erde liegt genau inmitten dieser Zone, weshalb diese auch die passenden Bedingungen für Leben besitzt.[148]

„Habitable Welten bieten ausgedehnte Regionen flüssigen Wassers, günstige Bedingungen für Vereinigungen komplexer organischer Moleküle und Energiequellen, die Stoffwechselvorgänge ermöglichen" [149] -NASA, 2008

Schon allein aus diesen Gründen ist das menschliche Dasein wirklich faszinierend, vor allem, dass wir die Fähigkeiten besitzen, sämtliche Naturgesetzte zu entdecken, die unser Leben ermöglichen. Der Mensch ist durchaus ein besonderes Lebewesen. Was noch dazu kommt, ist, dass in der Region, in welcher wir leben, wir uns sicher sein können, dass die Naturgesetzte Wesen hervorgebracht haben, die eine Ansammlung von Wissen entwickelt haben. Zudem kennen wir unseren Platz im Universum, was uns zumindest örtlich einzigartig macht. Es ist sicherlich ein weiter Weg, den wir hinter uns legen müssten, um eine Erde zu finden, welche intelligentes Leben erlaubt, demnach sollten wir stolz auf unsere Rasse sein, unser Wissen pflegen und unsere Existenz behüten.

Der Mensch ist und bleibt ein Meisterwerk, schon allein die Tatsache, dass wir so viele verschiedene Fähigkeiten besitzen, macht uns besonders. Obwohl wir in physikalischer Hinsicht bloß aus Up-Quarks, Down-Quarks und Elektronen bestehen. Zudem gibt es in unserem Kopf mehr Neuronen Verknüpfungen als es in der gesamten Milchstraße Sterne gibt!

Der Autor Safranski beschreibt, dass nach Heidegger eine Besonderheit des menschlichen Daseins ist, dass wir über die eigene Befristung nachdenken können. Was dabei interessant ist, dass die ersten Menschen, welche glaubten zu wissen wann sie sterben müssen, ein sehr depressives und gelähmtes Leben führten. Sobald ihnen gesagt wurde, dass ihr Todesdatum nicht das Richtige sei, kam Eifer und Tüchtigkeit in ihnen auf, da die Gewissheit eine lähmende Wirkung auf die Menschen hatte, welche sich zur Sorge der Ungewissheit gemildert hatte.[150] Ein möglicher Grund für dieses Verhalten könnte sein, dass wir Menschen nicht in der Lage sind, dass eigene Nichtleben

---

[147] zit. Marti 2014, S.111

[148] vgl. Cohen, Cox 2017, S.112

[149] zit. Cohen, Cox 2017, S.121

[150] vgl. Safranski 2017, S.71

vorzustellen, somit wissen wir auch nicht was bei unserem Tod auf uns zukommt. Vor allem unser elementarer Antrieb am Leben festzuhalten, ist zudem ein Grund, weshalb es unmöglich wird nicht zu denken, oder sich selbst wegzudenken.
Doch was ist nun der Ursprung, bzw. warum gibt es uns überhaupt? Allein die Tatsache, dass wir nichts berechnen oder beweisen können und somit keine naturwissenschaftlichen Beweise in der Hand haben, macht es doch so faszinierend. Das Staunen darüber weißt uns allein auf den Ursprung und den Grund des Seins hin. Nach dem Autor Marti erwachen im Staunen der „Sinn und Geschmack für das Unendliche“ [151]. Das heißt, dass auch der Ursprung des Seins etwas mit dem Unendlichen zu tun haben muss. Im Ursprung liegt sogleich der Sinn des Lebens, wodurch alles auf der Welt eine Bedeutung erlangt. Jedes Dasein auf der Erde ist wichtig und steht in einer Verbindung zu einem großen Zusammenhang. Das deutet auch der Begriff *Kosmos* an, welcher übersetzt Ordnung und Schmuck heißt, dieser stammt von den Naturphilosophen des alten Griechenlandes, Marti.[152] Die Frage nach dem Ursprung oder dem Sinn des Lebens kann nicht offiziell und für jeden beantwortet werden, viel mehr ist jeder frei gestellt sich einen eigenen Sinn zu schaffen, was es doch auch eigentlich so wunderbar macht. Dass wir den eigentlichen Sinn des Lebens nicht wissen können, ist sehr geheimnisvoll und sehr wahrscheinlich auch viel besser als wenn wir ihn wüssten. Denn was wäre, wenn es einen allgemeinen Sinn gibt, dieser aber keinem gefällt? Vielleicht ist es aus dieser Sicht eher positiv, dass wir keinen vorgegebenen Sinn haben, sondern ihn uns selbst vorgeben können und daran glauben können.
Das menschliche Dasein ist, wie bereits gesagt, einfach bewundernswert. Doch wie lange wird unsere Zivilisation noch existieren? Und was geschieht danach? Eine Vorsorge, welche die Menschen für die Zukunft getroffen haben, ist der weltweite Saatgut-Tresor auf der norwegischen Insel Svalbard, so Cox und Cohen. Die Besonderheit des Tresors ist nicht nur die künstlerische Tür, die im Dunkeln anhand von Glasfaserleitungen leuchtet, sondern vor allem, dass in diesem Tresor schon mehr als 800.000 Samenproben aus fast jedem Land der Welt eingelagert wurden. Der Tresor ist in einen Berghang eingebaut, damit die Räume und Tunnel durch den Permafrost gekühlt werden. In den Lagerkammern wird die Temperatur zudem auf -18 Grad heruntergekühlt, da somit das Saatgut mehr als 20.000 Jahre überleben kann. Der Saatgut-Tresor wurde vor allem zur Erhaltung der Biodiversität erbaut und zudem als Vorsorge für spätere Generationen.[153] Damit ist der weltweite Saatgut-Tresor für die nächste kleine Ewigkeit erschaffen worden.

Abbildung ist aus urheberrechtlichen Gründen nicht Teil dieser Arbeit.

Bild 24 - Saatgut-Tresor in Norwegen

151 zit. Marti 2014, S.25
152 vgl. Marti 2014, S.25
153 vgl. Cohen, Cox 2017, S.287f

Außerirdisches Dasein

Existiert irgendwo im Weltall noch anderes Leben? Also gibt es außer unserem Dasein noch ein außerirdisches Dasein? Wir können es nicht genau vorhersagen und schon gar nicht persönlich überprüfen, da das Universum so unendlich groß zu sein scheint. Jedoch kann es nicht ausgeschlossen werden, dass noch weiteres Leben existiert. Wenn wir annehmen würden, dass es außerirdische Wesen gibt, dann fragen wir uns natürlich auch, ob diese ebenfalls intelligente Wesen wie wir sind. Wissenschaftler vermuten, dass der Mars, für die Entstehung von Leben, eine gute Vorrausetzung hat, jedoch ist er zu nah an der Sonne und demnach für uns Menschen zu heiß. Zudem wäre der Mond Europa von dem Planeten Saturn gut geeignet, da er einen Ozean besitzt, in welchen sich Leben bereits hätte bilden können, allerdings ist über diesem Ozean eine dicke Eisschicht. Es wurden auch schon andere Sonnensysteme, die unserem ähneln in der Milchstraße beobachtet, aber noch nicht genauer untersucht, da diese zu weit entfernt sind. Es scheint also nicht all zu abwegig zu sein, dass es noch andere Lebewesen gibt. Wird dies jedoch mit der Drake-Gleichung betrachtet, scheint es wieder relativ unwahrscheinlich. Mit dieser Gleichung soll die Frage beantwortet werden, wie viele intelligente Zivilisationen in der Milchstraße existieren mit denen wir prinzipiell kommunizieren können, so Cox und Cohen. Die Gleichung lautet wie folgt:

$$N = R_s \cdot f_p \cdot n_e \cdot f_l \cdot f_i \cdot f_c \cdot L$$

wobei:

N

die Zahl der Zivilisationen in unserer Milchstraße, mit denen wir per Funk in Kontakt treten könnten und somit in unserem Vergangenheitslichtkegel liegen

R_s

die durchschnittliche Sternentstehungsrate in unserer Galaxie ist

f_p

der Anteil der Sterne ist, die Planeten besitzen

n_e

die durchschnittliche Anzahl erdähnlicher Planeten in solchen Systemen ist

f_l

der Anteil der Planeten ist, auf denen Leben entstehen kann

f_i

der Anteil der Planeten ist, auf welchen sich intelligente Zivilisationen entwickeln können

f_c

der Anteil der Zivilisation ist, der eine Technologie entwickeln könnte, mit welcher Signale zum Nachweisen dessen Existenz gesendet werden könnten

L

die Länge der Zeitspanne ist, in der nachweisbare Signale von solchen Zivilisationen ins All gelangen

Die Gleichung wurde im Jahre 1961 auf einer SETI-Konferenz von dem Geschäftsmann Frank Drake entworfen.[154] Die Ergebnisse der Gleichung sind unterschiedlich, da zusätzlich viele weitere Faktoren eine Rolle spielen, so „wdr.de". Drake kam im selben Jahr zu dem Ergebnis, von zehn außerirdischen Zivilisationen, andere kamen auf 10.000. Nach heutigem Stand liegt das Ergebnis, welches von Wissenschaftlern berechnet wurde, grade mal bei 0,01.[155] Es ist also nicht so einfach eine vernünftige Zahl heraus zu bekommen, zudem bezieht sich die Gleichung auf die Milchstraße, unsere Heimatgalaxie, doch was ist mit den unzählbar vielen anderen Galaxien?

---

[154] vgl. Cohen, Cox 2017, S.91ff

[155] vgl. Grünewald, U. (2014): Sind wir allein im Universum?. Online im Internet: https://www1.wdr.de/fernsehen/quarks/sendungen/exoplaneten124.html Stand 20.4.2018

6.6 Das menschliche Dasein in Relation zur Unendlichkeit

Zum Ende der Jahresarbeit möchte ich gerne den Titel erläutern und erklären was eigentlich dahintersteckt. Dabei geht es mir vor allem darum, das Größenverhältnis zu betrachten und was es damit auf sich hat. Wir Menschen leben auf einer, für uns, großen Kugel mit ca. 7 Milliarden anderen Menschen zusammen. Aus unserer Wahrnehmung scheint die Welt nahe zu unendlich groß und zudem wahnsinnig komplex, denn jeder noch so kleine natürliche Organismus ist auf den anderen abgestimmt und erfüllt einen Zweck. Doch was passiert, wenn wir das alles aus einer anderen Perspektive betrachten? Kleine Dinge, die für sehr groß und wichtig halten, sind es dann plötzlich gar nicht mehr. Wir Menschen sind in Relation zum Sonnensystem schon winzig. Wie klein wir erst sind in Relation zu Milchstraße oder zum gesamten Universum sind, ist beeindruckend. Oder andersherum ausgedrückt, die unendliche Weite des Universums ist beeindruckend. Wir sind doch eigentlich nur ein winziges etwas auf einem winzigen Staubkorn, umgeben von gigantischen Sternen, welche sich in noch viel gigantischeren Galaxien befinden. Allein der Größenvergleich von Sonne und Erde ist überragend.

Bild 25 - Größenverhältnisse- Sonnensystem

Der größte uns bekannte Stern ist der „Red Hypergiant" mit einem Umfang von 2.800.000.000 Milliarden Kilometern, so der Kanal „ScienceMagazine". Um diese große Zahl zu veranschaulichen, kann sich ein normales Passagierflugzeug vorgestellt werde, das mit einer Geschwindigkeit von 900 km/h um diesen Stern fliegt. Um den Stern einmal zu umkreisen bräuchte das Flugzeug 1.100 Jahre![156]
Die Erde ist gegen diesen Giganten nur ein kleiner Punkt.

[156] vgl. Sagan, C. (2009): The Biggest Stars In The Universe. Online im Internet: https://www.youtube.com/watch?v=Bcz4vGvoxQA&app=desktop Stand 23.5.2018

„Es kam mir plötzlich, dass diese kleine Erbse, schön blau, die Erde war. Ich hob meinen Daumen und schloss ein Auge, und mein Daumen verdeckte den Planeten Erde. Ich fühlte mich nicht wie ein Riese. Ich fühlte mich sehr, sehr klein." [157]– Neil Armstrong

Wenn man nun das Leben aus diesem Blickwinkel betrachtet, sieht es plötzlich ganz anders aus, kleine Dinge werden unwichtig und nur wenige Dinge werden für das Leben eigentlich relevant. Manchmal ist dieser Blickwinkel gar nicht schlecht, um Abstand nehmen zu können. Nicht nur die Größe an sich verändert sich in Relation zum nahezu Unendlichen, sondern auch die Zeit. In der gesamten Entstehungsgeschichte des Universums ist die Zeitspanne, in der die Menschen leben, nur ein Wimpernschlag. Was für uns manchmal sehr lange vorkommt ist in Relation zum Universum oft eine Nanosekunde. Der Philosoph Friedrich Nietzsche fasste dies in Worte: „In irgendeinem abgelegenen Winkel des in zahllosen Sonnensystemen flimmernd ausgegossenen Weltalls gab es einmal ein Gestirn, auf dem kluge Tiere das Erkennen erfanden. Es war die hochmütigste und verlogenste Minute der „Weltgeschichte": aber doch nur eine Minute. Nach wenigen Atemzügen der Natur erstarrte das Gestirn, und die klugen Tiere mussten sterben."[158]

Das faszinierende daran ist außerdem, dass auf unserer Erde selbst so viele, für uns, existieren. Der Autor Marti beschreibt, dass bei einem immer kleiner werdenden Maßstab, die Längen gegen unendlich tendieren. Zur Veranschaulichung ist eine Küstenlinie geeignet. Überfliegt man diese mit einem Flugzeug, werden die kleinen Buchten und Felsvorsprünge verschluckt, mit einem Boot könne schon sämtliche Dellen erfasst werden, wodurch die gemessene Gesamtlänge erhöht wird. Wird die Küste zu Fuß abgelaufen, wird die Messung noch präziser, da noch mehr Einzelheiten erfasst werden können. Dabei kann man endlos ins Detail gehen und beispielsweise die komplexen Strukturen der Sandkörner mit einbeziehen, wobei diese nicht mehr messbar sind.[159]

Dabei sehen wir, dass Größe relativ ist und immer in einer Relation stehen muss, um verstanden zu werden.

[157] zit. Cohen, Cox 2017, S.245

[158] zit. Marti 2017, S.131

[159] vgl. Marti 2017, S.173

6.5 Zusammenfassung

Zusammenfassend kann ich sagen, dass durch dieses Kapitel viele Erkenntnisse gewonnen wurden. Zum Beispiel über die Zeit und dass die Ewigkeit noch viel mehr als die Zeit zu sein scheint. Die Ewigkeit ist demnach schon fast die Idee der Zeit, auch wenn wir das Ideal von etwas nicht begreifen können, sind wir damit schon nahe am Urbild der Ewigkeit oder sogar Unendlichkeit dran. Aber auch die Erkenntnis, dass in unserem ewigen Leben so viel Unendlichkeit steckt, ist faszinierend. Schon allein der gegenwärtige Moment ist ewig. Zudem leben wir mit der Ewigkeit, da unsere Seele unsterblich ist, somit ist die Unendlichkeit näher bei uns als wir denken. Trotz des Unterschiedes der Größe. Das Größenverhältnis vom Menschen zum Universum ist überragend, auch wenn wir Menschen uns nicht mit unendlich großen Dingen in Relation stellen können, ist der Vergleich zwischen dem größten Stern und dem Menschen schon allein überwältigend und zeigt zudem auch die unendlich scheinende Weite und Größe des Universums. Die Unendlichkeit des Menschen ist jene, die in unserem Inneren ruht, die uns umgibt und gleichzeitig auch unser Ende. Um die Frage zu beantworten, wie viel Unendlichkeit in unserem endlichen Leben steckt, lässt sich sagen, es ist mit großer Wahrscheinlichkeit unendlich viel!

7 Mein unendliches Spiegelbild-Praktischer Teil der Jahresarbeit

7.1 Hintergrund

Der Hintergrund meines praktischen Teils ist, dass ich die Unendlichkeit so gut wie möglich darstellen möchte. Da die Unendlichkeit jedoch schwer anzufassen ist, weil es eben ein abstrakter Begriff ist, gibt es trotzdem die Möglichkeit, sie zu entdecken und wahrzunehmen. Aus diesem Grund kam ich nach Überlegungen mit meinem Betreuungslehrer auf die Idee, ein Spiegelkabinett zu bauen. Dabei ist es vor allem wichtig, dass die Spiegel parallel gegenüberstehen, um den Effekt des unendlichen Spiegelbildes zu erhalten.
Das unendliche Spiegelbild verhält sich ähnlich wie in dem Kapitel der projektiven Geometrie beschreiben, der Fernpunkt, bzw. die Ferngeraden, welche sich an diesem Punkt treffen, obwohl sie parallel zueinander sind und dazu unendlich lang. Jedoch können wir nicht unendlich weit schauen, um dies zu sehen, trotzdem geht unser Blick schon sehr weit.
Auch das Spiegelbild können wir nicht unendlich weit verfolgen, da wir die Unendlichkeit nicht direkt sehen können, jedoch kann man sich durch das Spiegelkabinett der Unendlichkeit schon sehr genau annähern.

7.2 Konstruktion

Bei der Konstruktion des Spiegelkabinetts ist es zunächst wichtig, dass die Spiegel parallel gegenüberstehen, wie im oberen Kapitel bereits erwähnt wurde. Dazu kommt, dass die Spiegel ungefähr die gleiche Größe haben sollten, um ein möglichst großes Spiegelbild, welches sich dann immer wieder spiegeln kann, zu haben. Zu Beginn war die Idee, dass ich zwei Spiegel gegenüber installiere, jedoch ist der Effekt, der entsteht, wenn man von vier Spiegeln umgeben ist, noch beeindruckender, weil dann nur noch das eigene Spiegelbild gesehen wird, welches sich dann wiederrum spiegelt.
Das Spiegelkabinett habe ich dann so konstruiert, dass sich vier Ganzkörperspiegel im Quadrat gegenüberstehen. Diese vier Spiegel sind an einer Bodenplatte sowie an einer Deckelplatte festgeschraubt. Dadurch können die vier Spiegel stehen. Um in das Kabinett hinein zu gelangen, ist zwischen zwei Spiegeln etwas mehr Platz gelassen worden, wie die Skizze zeigt.

Skizze:

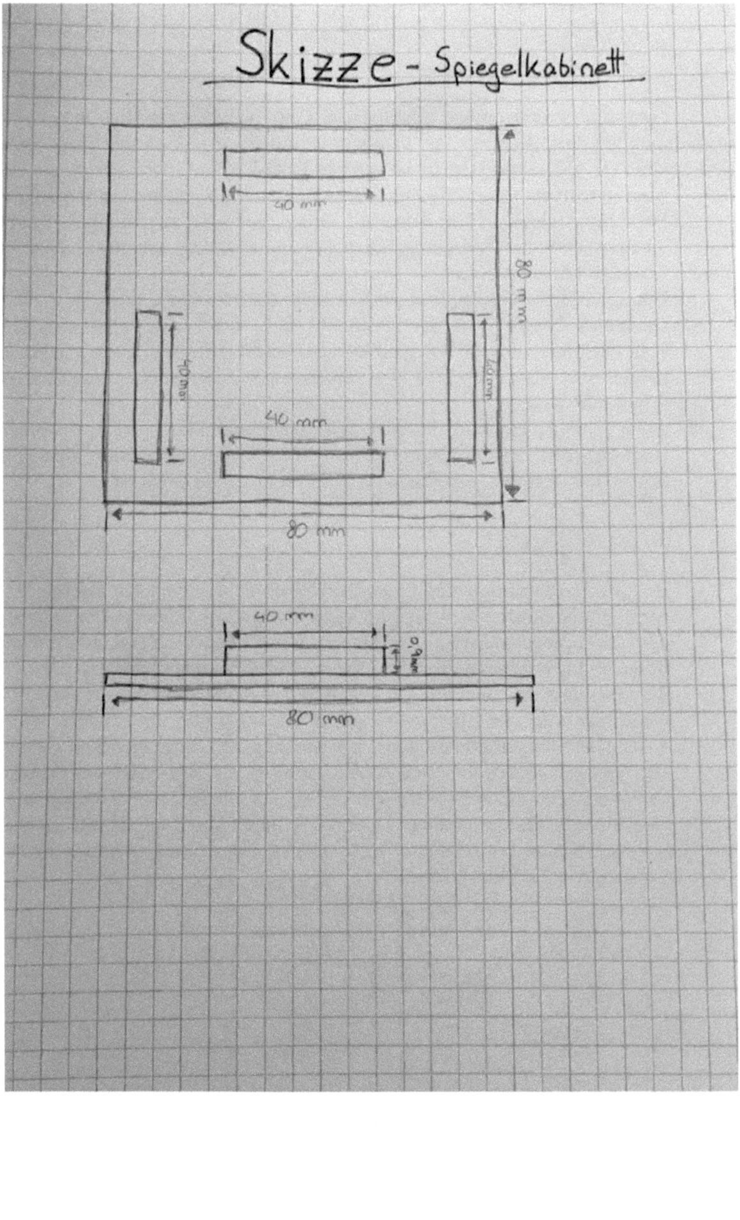
Skizze - Spiegelkabinett
40 mm
80 mm
40mm
40 mm
40mm
80 mm
40 mm
80 mm

7.3 Herstellung

Bei der Herstellung war es mir vor allem wichtig, dass Spiegelkabinett nachhaltig zu gestalten, weshalb ich zwei gleiche Ikea-Spiegel aus unserem Haushalt verwendet habe, mir den anderen dritten Spiegel geliehen habe und den vierten bei Ikea gekauft habe. Die Herstellung des Kabinetts erfolge in der Werkstatt meines Onkels, welcher mir zudem zwei Platten zur Verfügung stellte. Zunächst haben wir die Bodenplatte und den Deckel zugeschnitten. Danach erfolgten die Anzeichnung der Dicke und Breite der Spiegel auf der Bodenplatte und auf dem Deckel. Der nächste Schritt war dann in die Rahmen der Spiegel jeweils zwei Löcher zu bohren, damit die Spiegel befestigt werden können und das Kabinett zudem auf- und abgebaut werden kann. Anschließend wurden die Spiegel an den vorgesehenen Stellen platziert und mit Hilfe der Schrauben befestigt. Da einer der Spiegel etwas kürzer als die anderen ist, wurde zusätzlich ein kleiner Balken auf der Bodenplatte befestigt, damit die vier Spiegel alle auf derselben Höhe sind. Anschließend schraubten wir die Bodenplatte an die vier Spiegel und das Kabinett ist fertig zum Betreten.

7.4 Fotodokumentation

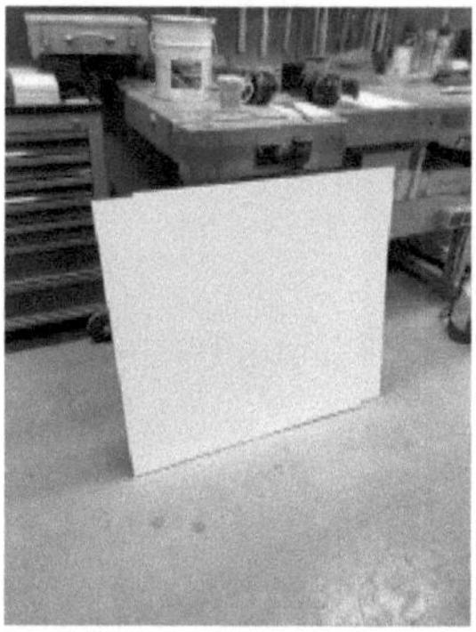

Schritt 1: Zugeschnittene Platten

Schritt 2: Anzeichnung der Maße der Spiegel

Schritt 3: Löcher in die Spiegelrahmen bohren

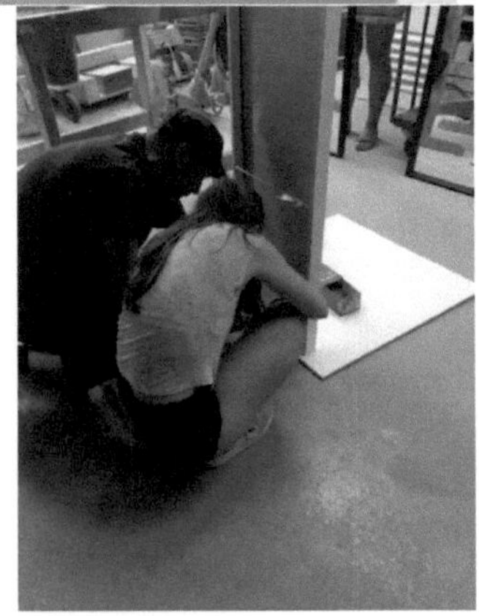

Schritt 4: Spiegel an die Bodenplatte schrauben

Schritt 5: Spiegel an Deckel schrauben

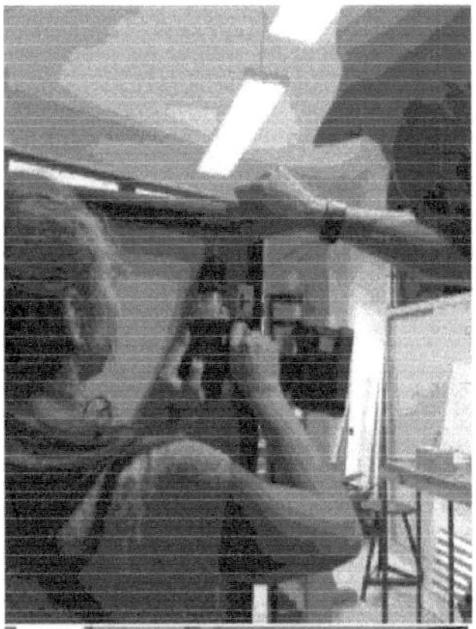

Das Spiegelkabinett ist fertig!

Das Ergebnis:

9 Fazit

In dieser Jahresarbeit habe ich die Unendlichkeit in drei verschiedenen Themenbereichen vorgestellt. Zunächst im mathematischen Sinne, dann im physikalischen Sinne und zuletzt in Relation zum Menschen. In jedem Themenbereich ergab dies eine andere Unendlichkeit, obwohl Unendlichkeit doch Unendlichkeit ist, oder nicht? Ich glaube nicht. Eine Erkenntnis, die ich durch die Jahresarbeit gemacht habe, ist, dass nicht jede Unendlichkeit wie die andere ist. Diese Unterschiede, welche vor allem bei einem Vergleich der einzelnen Themenbereiche deutlich werden, werde ich später beschreiben. Zunächst werde ich die Unendlichkeit in ihren einzelnen Themenbereichen vorstellen und zusammenfassen.
In der Mathematik ist die Unendlichkeit wohl am genausten definiert, dabei wird im Groben zwischen transfinit (unendlich groß) und infinitesimal (unendlich klein) unterschieden. Diese Unterscheidung gilt vor allem bei dem Bereich der Reihen und Folgen, da bei diesen Folgen existieren, die $\frac{1}{\infty}$ (unendlich klein) werden, also gegen Null konvergieren und genau so welche, die gegen ∞ (unendlich groß) konvergieren. Doch dies ist nicht der einzige Bereich in dem die Unendlichkeit vorhanden ist, schon allein die Zahlengerade ist unendlich und besitzt zudem noch unendlich große Lücken. Auf der Zahlengerade gibt es darüber hinaus auch noch irrationale Zahlen, also solche, die unendlich lange Nachkommastellen haben. In der Mathematik existiert die Unendlichkeit in fast jeden Themenbereich, weshalb diese auch so gut definiert werden kann, es ist sogar möglich mit ihr zu rechnen. Die Unendlichkeit ist in der Mathematik eine Entität, sie existiert also.
In der Physik ist die Unendlichkeit nicht so leicht zu entdecken, doch trotzdem existiert sie auch hier. Die physikalische Unendlichkeit umgibt uns und ist gleichzeitig unser Anfang und möglicherweise auch unser Ende. Laut der Urknalltheorie entstand das Universum aus einer Singularität, welche auch als räumliche und zeitliche Unendlichkeit gilt. Durch die Quantenphysik ist es zudem möglich geworden, dass eine weitere Theorie, die Vielweltentheorie entwickelt wurde. Laut dieser existieren unendlich viele Kopien meiner selbst, sie unterscheiden sich nur von mir, indem sie etwas anders sind, durch vorherige Entscheidungen. Durch die Physik können zudem noch viele weitere Sachverhalte beschrieben werden, in denen die Unendlichkeit eine Rolle spielt. Das wichtigste Auftreten hat die Unendlichkeit jedoch immer noch bei der Größe des Universums und dessen Anfang, wenn das Universum unendlich groß sein sollte.
Bei uns Menschen existiert auch eine Unendlichkeit, wobei die physikalische und mathematische Unendlichkeit ebenfalls Auswirkungen auf unser Leben hat. Das faszinierendste ist wohl, dass wir Menschen mit unserem endlichen Leben über unendliche Dinge nachdenken können, selbst unsere Gedankengänge können unendlich werden. Doch können wir die Unendlichkeit je am lebendigen Leib erfahren?
Die menschliche Unendlichkeit ist vor allem in unserem Inneren, wenn beispielsweise an eine Seele geglaubt wird, aber auch andere religiöse Glauben können zudem unendliche Liebe erwecken. Dazu kommt unser Zeitempfinden, welches ebenfalls in uns ist, gleichzeitig erleben wir ständig ein Teil der Ewigkeit, da die Gegenwart ewig ist. Im menschlichen Sinne spielt zudem die Unendlichkeit eine Rolle, die uns umgibt, also das Universum, welches nahe zu unendlich scheint.
Im nächsten Schritt werden die verschiedenen Unendlichkeiten mit einander verglichen.

Zu Beginn wird die physikalische Unendlichkeit mit der solchen im menschlichen Sinne verglichen, beziehungsweise geht es eher darum, ob die Vorstellung von der Unendlichkeit in den verschiedenen Bereichen dieselbe ist oder nicht.
Wie schon bereits erläutert, stimmt die Unendlichkeit im physikalischen Sinne mit der Unendlichkeit im menschlichen Sinne überein, wenn es um die endlose Weite des Universums geht. Diese Vorstellung der Unendlichkeit ist in beiden Bereichen gleich. Zudem ergänzen sich die Vorstellungen dieser beiden Bereiche sehr schön, da in der Physik laut der Urknalltheorie alles aus der Unendlichkeit entsteht, letztendlich auch unser Leben, welches in der Ewigkeit endet. Das einzige, was in der Physik nicht auftaucht, jedoch hingegen beim Menschen, ist die innere Unendlichkeit.
Um diese beiden Themenbereiche mit der Mathematik zu vergleichen, werden die Vorstellungen der Unendlichkeit im physikalischen Sinne und im menschlichen Sinne zusammengefasst, weil diese sich ergänzen und zum Teil gleich sind. Im Gegensatz zu diesen Vorstellungen ist die mathematische Unendlichkeit anders. Zunächst liegt eine eindeutige Differenzierung vor, die transfinite und die infinitesimale Unendlichkeit. Zwar gibt es bei der Physik auch unendliche Größe, jedoch ist diese räumlich, während die mathematische unendliche Größe abstrakt ist und sich deshalb nie in einem Raum ausdehnen wird, sondern nur in unseren Vorstellungen. Die mathematische Unendlichkeit ist wahrscheinlich so exakt, wie keine andere Unendlichkeit, ebenso der Gedanke an diese, denn wenn es beispielsweise um die Endlosigkeit der Zahlen geht, ist die Vorstellung dieser nicht schwer. Hingegen ist die Vorstellung an eine unendliche Seele oder etwa der endlose Liebe eher unterschiedlicher und nicht so eindeutig.
Dies zeigt zusätzlich, dass die Unendlichkeit in der Mathematik ausschließlich im Kopf stattfindet, es kann zwar eine Folge oder Reihe auf ein Papier geschrieben werden, jedoch nur in abgekürzter Form, sonst bräuchte man logischerweise ja auch unendlich viel Papier, um eine unendlich lange Reihe oder Folge aufzuschreiben. In der Physik ist dies nicht so, die Unendlichkeit kann sich zwar auch vorgestellt werden, allerdings auf Grund bestehender Theorien, die einen unendlichen Raum oder eine Singularität vorhersagen und für die teilweise Beweise vorliegen. Da dies jedoch alles „nur" Theorien sind, wird viel spekuliert, was die Vorstellung der physikalischen Unendlichkeit wahrscheinlich auch so verschwimmen lässt.
Beim Menschen verhält es sich ähnlich und gleichzeitig auch anders. Auch hier können wir die Unendlichkeit nicht aufschreiben, oder zeichnen, bzw. nicht die räumliche Unendlichkeit, wobei dann die Frage aufkommt, wie die Ewigkeit aussieht?
Hinzu kommt, dass es keinen wirklichen Beweis für die Ewigkeit nach dem Tod, oder die ewige Seele gibt, wie etwa in der Physik, da es sich hier um die Metaphysik handelt. Durch diese beiden Aspekte sind der Vorstellungen der Ewigkeit keine Grenzen gesetzt, was zugleich der Grund ist, warum gerade in diesem Bereich die Unendlichkeit nicht wirklich definiert werden kann.
Wird sich von den verschiedenen Differenzierungen der Unendlichkeit gelöst, kommt man zu dem Schluss, dass die Unendlichkeit durch uns Menschen existiert, wir diese selbst aber nicht richtig begreifen können. Trotzdem sind die Naturwissenschaften wie auch die Philosophie und die Religionen durch die Menschheit entstanden, was gleichzeitig bedeuten würde, dass wir das, was wir erschufen selbst nicht verstehen. Allerdings kann sich über die Frage geschritten werden, ob wir beispielsweise die Naturwissenschaften erfunden oder entdeckt haben. Denn hätte wir diese entdeckt, wäre die Unendlichkeit einfach etwas Übernatürliches, was wir Menschen nicht verstehen

können. Viele Mathematiker, die versuchten die Unendlichkeit in der Mathematik näher zu verstehen und zu bearbeiten, scheiterten, wie auch Georg Cantor. Dieser litt und starb an einer starken Nervenkrankheit, die er bekam, als er sich zu intensiv mit dem Unendlichen beschäftigte. Vielleicht ist der Mensch demnach auch nicht dafür geschaffen sich mit solch abstrakten Themen auseinander zu setzten, jedoch ist der Reiz die Unendlichkeit zu verstehen viel zu stark, als dass sie in Ruhe gelassen werden könnte.

10 Nachwort

Zu Beginn des Nachwortes möchte ich gerne den Menschen danken, die mich in dieser Zeit unterstützt haben. Ich danke hiermit zunächst meiner Mutter, die mich vor allem mental und auch inhaltlich unterstützt hat, dann meinem Vater und Frau Dr. Helling, die ebenso inhaltlich unterstützen. Darüber hinaus danke ich auch meinem Onkel, der mir seine Werkstatt zur Verfügung stellte und mir half mein Spiegelkabinett anzufertigen. Zuletzt danke ich meinem Betreuungslehrer, Herrn Dr. phil. Ziemke, der stets offen war meine Fragen, mir immer in kürzester Zeit ein Feedback geben konnte und mir zudem viele Anregungen und Inspirationen gab.

Schlussendlich kann ich sagen, dass mir die Beschäftigung mit der Unendlichkeit sehr viel Freude bereitet hat und mich vor allem inhaltlich sehr viel weitergebracht. Mein Wissen konnte ich durch die Bücher, welche ich gelesen habe und durch andere Quellen erweitern. Zudem kann ich sagen, dass das Thema genau das richtige war und ich froh bin, dass ich mir die Unendlichkeit ausgesucht habe. Der Grund, warum ich dieses Thema ausgewählt habe, ist, dass mich Naturwissenschaften generell sehr interessieren, aber auch philosophische Fragen. Durch die Jahresarbeit wurde mir deshalb auch noch einmal klar, dass ich nach der Schule auf jeden Fall Naturwissenschaften studieren möchte, da ich dies wirklich sehr spannend finde. Die Auseinandersetzung mit der Unendlichkeit hat mich zudem auch mental weitergebracht, da man durch dieses Thema leicht die Perspektive wechselt und alles durch einen anderen Blickwinkel betrachtet.

Hinzu kommt, dass das Ausformulieren meiner Gedanken und das Zusammentragen verschiedener Information in einer strukturierten Art meine Artikulation verbesserten.

Sich fast ein Jahr so intensiv mit der Unendlichkeit zu beschäftigen und dies zudem in verschiedenen Themenbereichen, ist äußerst interessant gewesen, und lässt mich mit vielen offenen, aber auch beantworteten Fragen zurück. Eine dieser Fragen, welche nicht direkt etwas mit dem Thema zu tun hat, ich mich jedoch während der Jahresarbeit sehr oft gefragt habe, ist, was ist das Nichts? Vor allem im Bezug zur Urknalltheorie kommt die Frage, was denn dann vor dem Urknall gewesen sein muss, es ist nichts, aber was ist denn nichts?

Eine weitere Frage, auf die ich selbst noch eine Antwort finden muss, ist, die Vorstellung der räumlichen Unendlichkeit, also ein unendlich weit ausgedehnter Raum, wie sieht der aus? Immer wenn ich daran denke, ist die Vorstellung irgendwie widersprüchlich, da ich finde, dass die Unendlichkeit nicht in die Gedanken passt. Diese und weitere Fragen werden mich auch noch nach der Jahresarbeit beschäftigen und ich bin sehr dankbar dafür!

12 Quellenverzeichnis

12.1 Monographien

- Clegg, B (2015): Eine kleine Geschichte der Unendlichkeit. 2.Auflage. Hamburg: Rowohlt Taschenbuch Verlag.
- Cox, B; Cohen, A (2017): Mensch und Universum, unser Platz in Raum und Zeit. Stuttgart: Franckh-Kosmos Verlags-GmbH & Co. KG.
- Gribbin, J (2016): Auf der Suche nach Schrödingers Katze. 14.Auflage. München/Berlin: Piper Verlag GmbH.
- Hawking, S (2013): Eine kurze Geschichte der Zeit. 3. Auflage. Hamburg: Rowohlt Taschenbuch Verlag.
- Hawking, S (2016): Das Universum in der Nussschale. 7. Auflage. München: dtv Verlagsgesellschaft mbH & Co. KG.
- Kahan, G (1987): Einsteins Relativitätstheorie. Köln: DuMont Buchverlag.
- Marti, L (2017): Eine Hand voll Sternenstaub. 6. Auflage. Breisgau: Verlag Herder Freiburg.
- Safranski, R (2017): Zeit. Frankfurt am Main: FISCHER Taschenbuch.
- Smolin, L (2015): Im Universum der Zeit, auf dem Weg zu einem neuen Verständnis des Kosmos. 2. Auflage. München: Deutsche Verlags-Anstalt.
- Wallace, F,D (2015): Die Entdeckung des Unendlichen. 5. Auflage. München/Berlin: Piper Verlag GmbH.

11.2 Filme/Serien/Videos

- Giesecke, A., Nicolai, S. (2015): $E=m*c^2$ – Spezielle Relativitätstheorie 4. Online im Internet: https://www.youtube.com/watch?v=U-ssl6jZxi4 Stand 23.4.2018
- Giesecke, A., Nicolai, S.(2014) : Schwarze Löcher- Einfach erklärt. Online im Internet: https://www.youtube.com/watch?v=OgvMCBLIz74 Stand 6.5.2018
- Giesecke, A., Nicolai, S. (2015): Zeitdilatation- Spezielle Relativitätstheorie 2. Online im Internet: https://www.youtube.com/watch?v=nLFJgqfjCA8 Stand 23.4.2018
- Spencer, A.(2013) : Why I fell in love with monster prime numbers. Online im Internet: https://www.ted.com/talks/adam_spencer_why_i_fell_in_love_with_monster_prime_numbers Stand 13.2.2018

11.3 Internetquellen

- Alderse, F. (2012): Ein wenig projektive Geometrie. Stand im Internet: https://www-m10.ma.tum.de/foswiki/pub/Lehre/WS1314/GeoLBWS1314/WebHome/Geometrie_fuer_LB_Vorl_02.01.pdf Stand 6.2.2018

- Broschart, J. (2018): Unendlichkeitslehre: Todesstrafe für Denker. Online im Internet: https://www.geo.de/magazine/geo-epoche/10691-rtkl-unendlichkeitslehre-todesstrafe-fuer-denker Stand 13.2.2018
- Bülow, R. (2018): 100. Todestag von Georg Cantor: Der Meister der Mengen. Online im Internet: https://www.heise.de/newsticker/meldung/100-Todestag-von-Georg-Cantor-Der-Meister-der-Mengen-3934810.html Stand 15.2.2018
- Dr. Neidhart, L. (2012) : Weltbilder und naturwissenschaftliche Weltentstehungstheorien. Online im Internet: https://www.philso.uni-augsburg.de/institute/philosophie/Personen/Lehrbeauftragte/neidhart/Downloads/Weltentstehungstheorien.pdf Stand 9.5.2018
- Dr. Schuster, D. (2018): Quantenphysik, Bewusstsein und Leben nach dem Tod. Online im Internet: http://leben-nach-tod.de/ Stand 16.3.2018
- Glege, R. (2018): Folgen und Reihen. Online im Internet: http://www.mathesite.de/pdf/folge.pdf Stand 15.2.2018
- Grünewald, U. (2014): Sind wir allein im Universum?. Online im Internet: https://www1.wdr.de/fernsehen/quarks/sendungen/exoplaneten124.html Stand 20.4.2018
- Hundsbichler, S.(2014): Vom Urknall zum Zerfall. Online im Internet: http://www.fundus.org/pdf.asp?ID=7537 Stand 6.5.2018
- Lotter, J. (2015): Entfernung. Online im Internet: http://unendliches.net/ Stand 12.3.2018
- Lotter, J.(2015): Gedanken. Online im Internet: http://unendliches.net/ Stand 15.2018
- Lotter, J.(2015): Gott. Online im Internet: http://unendliches.net/ Stand 15.2018
- Lotter, J.(2015): Rekursion. Online im Internet: http://unendliches.net/ Stand 15.2018
- Lotter, J. (2015): Unendlichkeitssymbol Online im Internet: http://unendliches.net/ Stand(5.2.2018)
- Lotter, J. (2015): Zeit. Online im Internet: http://unendliches.net/ Stand 12.5.2018
- Maier, C., Moschner, S., Welz, V. (2004): Paradoxien des Unendlichen. Online im Internet: https://www.joerg-rudolf.lehrer.belwue.de/kurse/04_mathe_os/paradoxien.pdf Stand 4.3.2018
- Sagan, C. (2009): The Biggest Stars In The Universe. Online im Internet: https://www.youtube.com/watch?v=Bcz4vGvoxQA&app=desktop Stand 23.5.2018
- Steffens, G. (2018): Die Zahl Pi – Faszination in Ziffern. Online im Internet: https://3.14159265358979323846264338327950288419716939937510582097494459 2.eu/ Stand 15.2.2018
- Wikimedia Foundation Inc. (2018) : Archytas von Tarent. Online im Internet: https://de.wikipedia.org/wiki/Archytas_von_Tarent Stand 8.2.2018
- Wikimedia Foundation Inc. (2018): Eudoxoa von Knidos. Online im Internet: https://de.wikipedia.org/wiki/Eudoxos_von_Knidos Stand 8.2.2018
- Wikimedia Foundation Inc. (2018): Euklid. Online im Internet: https://de.wikipedia.org/wiki/Euklid Stand 12.2.2018
- Wikimedia Foundation Inc. (2018): Zenon von Elea. Online im Internet: https://de.wikipedia.org/wiki/Zenon_von_Elea Stand 8.2.2018

- Wikimedia Foundation Inc. (2018) : Gerad Desargues. Stand im Internet: https://de.wikipedia.org/wiki/Gérard_Desargues Stand 6.2.2018
- Wikimedia Foundation Inc. (2018) : Geschichte der Mathematik. Online im Internet: https://de.wikipedia.org/wiki/Geschichte_der_Mathematik#Mathematik_in_Griechenland Stand 8.2.2018
- Wikimedia Foundation Inc. (2018) : Giovanni Domenico Cassini. Stand im Internet: https://de.wikipedia.org/wiki/Giovanni_Domenico_Cassini Stand (6.2.2018)
- Wikimedia Foundation Inc. (2018) : Kegelschnitte. Online im Internet: https://de.wikipedia.org/wiki/Kegelschnitt Stand 6.2.2018

11.4 Abbildungsverzeichnis

- 20/21 Gedanken: http://unendliches.net/
- 22 Droste-Effekt: http://unendliches.net/
- 23 Escher, Bildgalerie 1956: http://unendliches.net/
- 24 Saatgut-Tresor in Norwegen: http://www.taz.de/!5408100/
- 25 Größenverhältnisse- Sonnensystem: https://neroworldvision.wordpress.com/2012/06/10/grosse-der-planeten-und-sterne-the-size-of-our-world-neroworldvision-version-1/